【品墨】编著

国学之光 女性之美

传承国学经典文化

重塑现代女性形象

修身心　养贤德

正家风　和天下

新华出版社

图书在版编目（CIP）数据

国学之光　女性之美 / 品墨编著. -- 北京 ： 新华
出版社，2016.12
　　ISBN 978-7-5166-2994-9

　　Ⅰ.①国… Ⅱ.①品… Ⅲ.①女性－修养－通俗读物
Ⅳ. ①B825-49

中国版本图书馆CIP数据核字(2016)第285158号

国学之光 女性之美

作　　者: 品　墨

责任编辑: 刘　飞　　　　　　　　　图书策划: 李平书
装帧设计: 赵志军

出版发行: 新华出版社
地　　址: 北京石景山区京原路8号　　邮　　编: 100040
网　　址: http://www.xinhuapub.com
经　　销: 新华书店
购书热线: 010-63825170

照　　排: 新华出版社照排中心
印　　刷: 北京高岭印刷有限公司

成品尺寸: 170mm×240mm
印　　张: 15　　　　　　　　　　　字　　数: 190千字
版　　次: 2016年12月第一版　　　印　　次: 2016年12月第一次印刷
书　　号: ISBN 978-7-5166-2994-9
定　　价: 38.00元

图书如有印装问题，请与出版社联系调换: 010-63825170

早在清末民初,孙中山先生就讲过:"天下的太平安危看女人,家庭的盛衰看母亲。"欧洲著名作家歌德也说:"永恒之女性,引导我们上升。"中外先哲无不认为,有德的女子,是引导社会前进的力量。因为有孔母、孟母,才会有孔子、孟子这样的圣人降生于世。近代著名的大德印光大师曾经讲到:"治国平天下之权,女人家操得一大半。"又曰:"教子为治平之本,而教女更为切要。盖以世少贤人,由于世少贤母。有贤女,则有贤妻贤母矣。有贤妻贤母,而其夫与子之不为贤人者,盖亦鲜矣。其有欲挽世道而正人心者,当致力于此焉。"近代女子教育的开拓者王凤仪则指出,"女子是齐家之本,清国之源","女子是世界的源头,源头清则水流清,源头浊则水流浊"。因此,欲建设和谐社会,推动现代文明,非从推动女德教育入手不可。

自古中国就有完整的女德教育,认为女性最本分的职责是认真相夫教子,为国家培养人才,纵使自己有在外界功成名就的能

力，也不必去施展。这样的观点对现代接受高等教育、身怀抱负的女性来说，似乎显得陈腐僵化。然而，其背后古老的伦理和教化意义何在？是传统文化忽视了女性的角色与智慧，还是现代社会异化了女性的功能？

东汉时期的班昭曾专门为女性写了一本小册子，名为《女诫》。这本书只有1800多字，却是我国最早、传播最深远的女德教材。首先，它申明了女子在社会和伦理中最重要的地位和意义——所谓"敦伦尽分"、"内外有别"。"外"的经济重担应该由男子承担，女子则负责教育好子女的道德，培养孩子成为圣贤，稳固家风，引导丈夫积德行善。

这样的定义并不等同于现代社会局促于狭小世界内的"家庭妇女"，女德教育里，母亲想把孩子教育为圣贤和栋梁，女子自己首先必要心存高远、志向远大，其间一定会经历千辛万苦，放弃私利和个人享受，是一种很崇高的修养境界。

女德教育中，教导子女断恶修善是重要的一课。韩国前总统李明博曾讲述自己的母亲如何深刻影响了自己的成长道路。他的母亲是一位信念坚定的人，当他在外受到毁谤和打击时，母亲几乎从不教他怨恨，总是让他学会忍耐与淡然面对。

现代人理解古代文化，难免存在许多误解。比如"男尊女卑"，"卑"不是指"卑微"，而是表达"谦卑"。《易经》中开篇的乾坤两卦，其实已清楚表明男女虽职责有别，但地位同等。"地势坤，君子以厚德载物。"大地因其平稳厚德，万物才得以生息繁衍。

澳大利亚昆士兰大学钟茂森博士说，大家对"女子无才便是德"这句话有太多错解，所谓"无才"不是真的没有才能，而是她的心里没有把才放在心上，心中不执著于这些才华。即使是才艺很高，她也不觉得自己有才，谦卑到极处，始终以谦卑为自己最高的指导原则和做人的方针。

可以说，中国传统女德教育中对女人的劝诫是非常完整的。从宏观的人生哲学，到微观的行为、举止标准。女德中反复强调男女的体性不同，需要顺应天地之道。"生男如狼，犹恐其尪；生女如鼠，犹恐其虎。"意思是说男孩希望像狼，恐怕他赢弱不堪。女孩希望她眼光向内，小心翼翼，如果像虎狼一样拼争，违背天性，可能就得不到幸福。

同时，国学对女人的恭敬和顺的标准也并不是消极淡泊的。所谓："夫事有曲直，言有是非。直者不能不争，曲者不能不讼。讼争既施，则有忿怒之事矣。此由于不尚恭下者也。"意思是，自己认为有道理的事，应该争到底。但有争心，就会伴随着愤怒之心。在家庭琐事上没必要去争，但应该坚持大是大非、大仁大义。女人真正的"顺"不会拘泥于家事的俗务，而是在丈夫的德行上、事业上、子女教育上给予帮助和成就。

在我们的国学经典中，不只教人处理人际关系，还会教人认识人与宇宙的关系、人与自然的关系、人与生命的关系。现代人的目光和知识面太物质，造成我们活得很短视。小到自我的挣扎

和不解，大到家庭问题、公司问题、社会问题。问题在哪里？根本在于教育，因为我们存在有许多潜在的、可以改善的机会。古代有两句重要的话："闺阃乃圣贤所出之地，母教乃天下太平之源。"闺阃就是母亲的房间，古代的教育就是圣贤的教育、君子的教育。如果一个女子能教育子女成才，贡献要远远大于在一个工作岗位上做出的贡献。这不是在歧视女性，因为教育好子女，会促进整个社会的安定和团结。如果失去了母教，社会就会存在很多潜在的危险。

本书从中国女性的生存现状及环境入手，结合中国传统文化的精华，从修养、礼仪、心态、治家、孝道、婚姻、教育等8个方面，通过理论梳理、案例剖析和实战指点，阐述了如何全面提升个人形象，提升国学艺术修养，打造优雅完美女人；如何开阔心智模式，获得自信祥和与内心笃定，让自己变得更有智慧与魅力；如何消除夫妻误解，避免或摆脱家庭危机，营造爱情婚姻幸福之道；如何散发母性光环，通过科学教育方法，呵护儿女成长，培养现代栋梁之才。

前言

目
录

目

录

目 录

目
录

第一章 窈窕淑女：东方女性的独特韵味

中华民族有悠远而优秀的传统，在漫长文化历史中的演变下，东方女性拥有自己独特的神韵与美感。温婉、坚忍、仁爱、无私……这些特质深深符合中国传统文化的精华，给人的是一种难忘的美，是一种来自文化深处的柔和气息，是一种历史的沉淀、美丽的沉积，别有韵味。

女人如水：冰清玉洁，洗濯尘垢

野有蔓草，零露溥兮，

有美一人，清扬婉兮，

邂逅相遇，适我愿兮，

野有蔓草，零露瀼瀼，

有美一人，婉如清扬，

邂逅相遇，与子偕臧。

这是《诗经》中的《郑风·野有蔓草》，描述了在遇到一位清纯美女的感受。在诗中，作者用"婉如清扬"来形容这位美女。

在《诗经》的作者看来，女人如水，婉约如清泉，灵动似溪流，有静观世事的山湖优雅，有广纳百川的大海豪情，仿佛无论到哪里，都塑造出自己的品格。

水，洗濯尘垢，冲洗世间的黑暗；随方就圆，不执著一个姿态；唯一不变的是水始终谦卑向下奔流。水遇热成汽，幻化于无形；遇冷结成冰霜，冰清玉洁；遇到同道便欢喜相容，共同演绎一段奔流到海的精彩……

追溯历史的长河，有权倾一世的一代女皇，有身担重任的皇族公主，有代父从军的女将军，有才华横溢的女词人，有平凡度日的居家妇女，她们有着水般柔情，亦有水般韧性，懂得驾驭女人的天性，也懂得适时变通，庄敬自强，处变不惊。

女人如水，象征着女人能够忍耐。耐心是爱心，因为忍是以大局为重，所以忍到风平浪静，忍到家和人乐。她们知道：水滴终可穿石。

夏禹王的妃子涂山氏，之所以能够成为夏朝开国君王的妻子，就是因为她能够以国为重，以夫君为重。

涂山氏生性娴雅，仪容秀美，是当地有名的美女。当年大禹忙着治水，30 岁那年还没有成家。后来在涂山见到了自己的妻子，二人生了爱慕之情。但是治水很紧迫，又要到处视察灾情。当时涂山氏写了一首诗，只留下了两句，她说："等候人啊，是多么长久的事哟！"据说这是流传下来的最早的一首南方的情诗。女娇对大禹非常忠贞，后来感动了大禹，遂在台桑与她成婚，这就是"禹得涂山女，而通于台桑"的故事。

夏禹娶了涂山氏 4 天后就告别妻子外出治水。涂山氏就被送到了北方的安邑，她日夜思念南方的家乡。大禹知道后，没有时间安慰新婚的妻子，遂派人在城南筑了一座望乡台。有一次大禹治水经过家门，适逢他的妻子生孩子。邻居跟他说："您去看看妻儿吧。"他说："治水，水火不留情，要抢时间，我没有办法分心。"但是他也给自己的孩子起了名字叫启。有"治水启行"的含义。如此一去 13 年，三过家门而不入，归来的时候，他的儿子已经十多岁，涂山氏也成为一位中年妇人了。后来，大禹继承了帝位，封涂山氏为正妃。

想想这样一个女子，我们现在学习她的什么？学她终于熬到了正妃吗？不是！是学她的德行，能够忍受分离的痛苦，能够以大局为重，将自己对丈夫的思念深深的埋在了心里。

正是因为有这样贤德的后妃，所以成就了儿子启的未来，继承了夏禹的帝业。涂山氏是做出牺牲的贤内助的典范，是默默无闻、无私奉献的中国传统女性的典范。

女人如水，象征着女子情感的纯洁和专一，就像汉代乐府诗《孔雀东南飞》中的刘兰芝：不惜红罗裂，何论轻贱躯。上邪！我欲与君相知，长命无绝衰。山无陵，江水为竭，冬雷震震，夏雨雪，天地合，乃敢与君绝。"

唐朝的贾直言，因为给皇帝进谏，结果被贬去岭南。他对自己的妻子董氏说："我此去生死未卜，你这么年轻，不宜独居，你再做打算吧。"妻子于是拿起锦带把头发绑起来，让丈夫在带子上写上字，说"我一定要等你回来，亲手把我这个头发解开。"20年后，丈夫才回来，妻子依然在家中等着他，不离不弃，生死相依。

丈夫独自前往，是为妻子考虑，因岭南当时是蛮夷之地，自己此去生死难料，有多少的同僚在被贬的路上就死去了，怎么忍心拖累妻子。

妻子在丈夫离开后，一个人默默承担起了养家的重任，不管面对多少困难，仍然以行动践行了对丈夫的誓言。

这就是我们的古圣先贤互相成就对方，这就是他们夫妻的恩义，情义和道义，这就是中国传统女性的纯洁和专一。

说到东方女性的代表，被誉为"民国第一女神"的林徽因可以算作一位。

作为女人的她，亦是风情万种。林徽因对自己的言行举止和着装要求很高。她喜欢剪一头清爽的短发，前额烫几个优雅的小卷，极为可爱。喜爱设计的她，为自己设计了婚礼服和整场婚礼，别出心裁地融入了中西方服饰结构和廓形。哪怕是在艰苦的调研里，她也会穿着平跟短靴，戴上遮阳帽；就算是因病消瘦，也依然气质非凡。费正清这么形容林徽因："她穿一身合体的旗袍，朴素又高雅，别有一番韵味，东方美的娴雅、端庄、轻巧、魔力全在里头了。"

林徽因曾说过："真讨厌，什么美人、美人，好像女人没有什么事可做似的，我还有好些事要做呢！"在她看来，仅以"美人"来看待她，是对她的轻视。

为什么人人视为"福利"的美好容颜，在林徽因这里却成了苦恼呢？因为对林徽因的生命历程来说，姣好的容貌却是她身上最不足称道的东西。

你还记得十几岁时的梦想吗？想必没有多少人能回答：我一直在坚守梦想。但林徽因，16岁受邻居女建筑师影响，立下投身建筑事业的志愿后，一生都在为这个梦想，不懈耕耘。

当时，梁思成尚未确认志向，曾想子承父业学习西方政治，但被林徽因对建筑的高谈阔论改变了主意。甚至在谈婚论嫁时，她也以对方必须与自己到美国学习建筑为条件，对梁思成的一生的立志起了关键作用。

不远万里赴美国留学，却得知建筑系不招女生。林徽因便"曲线救国"，在美术系注册，但选修了建筑学的全部课程。她全身心投入课业，优异的成绩使她成为课程助教。学成归国后，她与梁思成受聘于东北大学，创建建筑系，将留学时的经验用于学校。林徽因还设计了东北大学"白山黑水"的校徽。

林徽因早年患肺疾，抗战期间颠沛流离，病情加剧为肺结核。但哪怕身患重疾（肺结核在当时属于不治之症），她依然与梁思成一路风餐露宿、翻山越岭，走遍中国 15 个省、200 多个县，考察测绘了 200 多处古建筑。尤其是骑着毛驴寻觅到佛光寺时，身体羸弱的林徽因，亲自爬上长梯测量。

当时民生凋敝，考察路途异常艰辛，林徽因的考察日记里写到："行三公里雨骤至，避山旁小庙中。六时雨止，沟道中洪流澎湃，不克前进，乃下山宿大社村周氏宗祠内。终日奔波，仅得馒头三枚，晚间又为臭虫蚊虫所攻，不能安枕尤为痛苦。"

然而，林徽因却甘之如饴。两人寻访古桥、古堡、古寺，透过岁月的积尘，勘定年月、揣摩结构、计算尺寸、绘制图片、拍照归档。这些实际考察，也使梁思成破解了中国古建筑结构的奥秘，完成了对"天书"《营造法式》的解读，林徽因为这本书所作的绪论，亦是建筑史里的一大成绩。

之后，在病榻上的她依然运筹帷幄，组建清华大学建筑系、为保护北京城古建筑而奔走呼吁，直至最后与世长辞，都仍心心念念着建筑。

16 岁时，林徽因在英国与诗人徐志摩相识，后者很快便陷入了她清亮的眼眸里，甚至不惜为了她与妻子张幼仪离婚。徐志摩坦言，自己是因为林徽因才走上了诗歌的道路，她是落在他心湖里的一朵云，甘愿做她裙边的一株草，哪怕只能在凝望中爱着她。

林徽因最终选择了梁思成。她欣赏徐志摩的浪漫与飘逸，但睿智如她，并不任由感性来左右自己的选择，就连张幼仪都评价她"是一位思想更复杂、长相更漂亮、双脚更自由的女士"。

多年以后，林徽因曾对儿女说："徐志摩当初爱的并不是真正的我，而是他用诗人的浪漫情绪想象出来的林徽因，而事实上我并不是那样的人。"

这一句话对众多迷失在爱情中的姑娘来说，可谓是醍醐灌顶。能在深情的爱意里保持冷静的思考与选择，多么难能可贵。

至于好友金岳霖，林徽因坦诚确实动过心，她对梁思成说："我苦恼极了，因为我同时爱上了两个人，不知道怎么办才好。"梁思成一夜未眠，第二天告诉林徽因："你是自由的，如果你选择了老金，我祝愿你们永远幸福。"金岳霖得知后，主动退出："思成是真正爱你的，我不能伤害一个真正爱你的人，我应该退出。"

此后三人再不提这件事，依然互相探讨学问，甚至在梁思成与林徽因吵架时，也是由金岳霖来做仲裁。金岳霖为了林徽因，终生未娶。

三人坦诚相对，并无隐瞒，也无越轨之举，却遭到众多人的非议。正如李健吾所说："女人都把林徽因当仇敌。这不仅由于她的美貌，更因为这么多才子纷纷拜倒在她的石榴裙下，她却不为所动。"

张幼仪恨她，将之视为自己婚姻的第三者，更恨她对徐志摩的拒绝；陆小曼妒她，因为她永远是徐志摩心中难以被取代的女神；学生林洙以一面之词散布她与金岳霖的关系。

但她并不在意："我不会以诗人的美誉为荣，也不会以被人恋爱为辱"。

"石头一车不如明珠一颗"，朋友不需多，有几个交心的便已足够，时间不该在琐碎的市井杂言中消磨殆尽，而应该留给最值得的人。她不与谁争辩，身材窈窕，但心胸宽广，自有姿态，全心全意投入到建筑事业与家庭生活中。她的寂静，让所有非议都成了碎片。

正如林徽因写给胡适的信里提到的："我受的教育是旧的，我也编不出什么新的道理，我只要'对得起'人。"父母、丈夫、儿女、挚友，便是她真正在意且固有底线的人，因此，不论是对徐志摩，还是金岳霖，她都不会越线。

三毛说："你若盛开，清风自来。"不论是为她肝脑涂地的徐志摩，还是为她放逐山野终身不娶的金岳霖，都没有爱错人。美好如林徽因，值得他们用一生来念念不忘。

人生没有不负重的飞翔。林徽因的人生，也不尽完美。

林徽因的生母是续弦，来自小镇，没有文化，没有儿子，性格又执拗难相处，并不得宠爱。林徽因作为长女，夹在父亲与母亲、母亲与二娘之间，承受了巨大的压力。终其一生，母女俩的关系都很紧张。但作为女儿的她，依然尽心尽力地服侍母亲，甚至选择与梁思成结婚，也与父亲已逝、父亲的好友梁启超承诺会赡养伶仃的母亲有关。

早年车祸使梁思成留下了腿瘸、常年穿铁马甲固定腰椎的后遗症，家庭一切都是林徽因在打理。动荡时期，梁思成受批斗，红卫兵要求林徽因与他划清界限，甚至逼她与之离婚时，她理智、冷静地对待：

"我审视了自己对婚姻的准则：坦诚、理解、信任、宽容、责任。我与思成之间没有任何隐私，我们做到了坦诚，正因为我们互相如此真诚，因此得到了互相的理解与信任，我宽容他的任何错误。因此我也就有责任与他共同承担家庭的任何不幸。离婚？不！"

这样在浪潮中的坚定，又有多少人能做到呢？新婚之夜，梁思成问她："这个问题我只问一遍，以后再也不提，为什么是我？"林徽因说："这个问题我要用一生来回答，准备好听我了吗？"她确实用一生的时间，给出了最好的答案。

作为一名母亲，她也倾尽心血哺育和教导自己的孩子。抗日战争爆发后，一家人逃难到昆明、重庆。物价昂贵，她在菜籽油灯的微光下，缝着孩子的布鞋，买便宜的粗食回家煮，过着我们父辈少年时期的粗简生活。她在战火纷飞的年代里保持着"倔强的幽默感"，以戏谑的眼光来看待杂沓纷乱的一切，给孩子们传达了对生活的坚定信心。

面对这样的女子，倘若还要纠缠她的情感，那么为她终身不娶的哲学家金岳霖的真诚最能够说明她情感的品质。倘若还要记起她的才华，那么她的诗文以及她与梁思成共同完成的论著还不足以表现她才华的全部，因为那些充满知性与灵性的连珠的妙语已经绝响。倘若还要记起她的坚忍与真诚，那么她一生的病痛以及伴随梁思成考察的那些不可计数的荒郊野地里的民宅古寺足以证明，她确实是一位不可多得的东方女性的杰出典范。

当下的社会，女人的地位比以前提高了，政坛、商界乃至各行各业，都有女人的身影，她们肩负着更艰巨的重任。奋发进取谋求事业发展的同时，还要兼顾起家庭，相夫教子。尽管如此，她们都有着惊人的毅力，承担着社会赋予她的职责，任劳任怨，不辞辛苦。她们如雨水般，随风潜入夜，润物细无声。不计较，不喧嚣，只付出。

这，就是东方女性身上所具有的独特韵味。

女人像水，像一杯白开水。它不事雕琢，洗尽铅华，质朴诚挚，有一种日日依偎夜夜厮守的亲切；它滋养着你濯洗着你，却又不让你感恩戴德；它珍贵却不昂贵，平凡而又伟大。

阴阳和合：温婉阳刚，相得益彰

《易经》认为，男属阳，女属阴；男属天，女属地；男属火，女属水；男有阳刚之气，女有阴柔之美。

我国历史上第一个女历史学家班昭著有一部名为《女诫》的教导班家女性做人道理的私书，由于班昭行止庄正，文采飞扬，此书后来被争相传抄而风行当时。

《女诫》中说："阴阳殊性，男女异行。阳以刚为德，阴以柔为用；男以强为贵，女以弱为美。故鄙谚有云：生男如狼，犹恐其尪，生女如鼠，犹恐其虎。"

"阴阳殊性，男女异行"说得是什么意思呢？就是男人和女人本身天性就是不一样的，男人属于阳性，有阳刚气质；女人属于阴性，有阴柔本性。男人要以阳刚为自己的德性，女人要以柔弱为自己的相用。通俗一点说，就是男人要以刚强为美德，女人要以柔弱为美德，所以俗语说，生了男孩希望像狼一样，很害怕他像"尪"，尪是一种动物，比较羸弱的小动物。生女孩非常希望像老鼠，不希望她像一个老虎。

女人的"柔"，是柔和。就像春天柳树上的柳条，它既可以弯成圈，也可以弯成麻花，也正是因为柳条非常柔软，所以它不会轻易被折断。女子的性格，也应该像柳条一样柔和。"柔"是柔软，能弯曲，不要像木柴那样，一折就断掉了；"和"就是要温和、要温婉，说出来的话要暖人心。

　　"女以弱为美"，这个"美"有很深的含义在里面，跟现代人理解的长相很漂亮就是美，完全不同的。一个心地仁厚、温婉、善良有智慧的女子，在她的容貌上散发出来的美和所谓天生的只是外表上的美完全是两种概念。外表上的美像养在花瓶里的花一样，花瓶里的水没了，花也就很快枯萎掉了。这个水是有限的，象征我们的年龄，一过了花季的年龄，50岁，60岁就不能美了。

　　真正的美就像深植在土地里的花草，根深叶茂，常年不败。这个美会让人看见了思无邪，就是不会引起人的邪思邪念，无论是异性还是同性，一看见就会升起仰慕之心，不会想入非非。

　　这种美是一种庄严之美。女子端庄、大气、像大家闺秀一样，而不是小家碧玉，那这样的女子一定越看越美，越老越美。随着时光的流逝，大家会怎么看她都觉得有味道，这是真正纯净纯善的心灵所散发出来的，而不是那种外表很漂亮而内心却充满了自私自利。

　　所以这种以弱为美是指心中有柔弱，有仁慈和善良，但是表现在外面会非常的有智慧，会随圆就方，也会判断出轻重缓急，让人觉得这样的女子有分量，不是很轻浮，这样的女子才有威仪，让人顿生仰慕之心。所谓"君子不重则不威"，就是这个意思。

　　现在，很多女性到处去美容，其实，如果能做到温柔和顺，根本就不需要花费这些心思。试想一下，一个性格粗暴的女人，即使再去美容，内心的刚硬会通过语言、动作等方式表现出来，她真实性格与表面妆容的不和谐，给人的感觉只会更糟糕。

女人的美来源于内心的宁静和柔和，然后才能从内而外透出温婉的光芒，而女性高雅的气质也正来源于此。

"现在的女孩子都一副咄咄逼人的样子，一点儿不温柔！"经常可以听到男士对现代女性发出类似的怨言。对于男士的"悲叹"，有些女人可能会柳眉倒竖、杏眼圆睁，愤愤不平地辩驳："时代不同了，现在我们可是和男人'平起平坐'的；你大学毕业，我还念过研究生呢；你月收入三千，我年薪五万！我干吗要对你百依百顺，做出一副可怜兮兮的'弱者'状？"

这些话虽然有一定的道理，但是也未必完全正确。

温柔的女人不是只懂得牺牲的传统小脚女人。她健康，她享受，她撒娇，样样都不缺。同时，她不会叉腰骂街，不会怨天尤人，不会唠叨，不会像防贼一样地防着自己的丈夫，更不会在外人面前贬低丈夫…

女人的温柔不是没主见的"乖"，而是一种美好性情，一种智慧。男女平等，不是鼓励女人像男人，像野蛮女友，而是回归女人本色。女人的温柔是一种可以让男人品尝后主动驯服的软酒，口感细腻的佳酿。女人的温柔不是扭曲，不仅让男人舒服，更让女人羡慕。

温柔的女人最具有女人味，不尖刻，内心柔软但又自信充满芳香，而且明亮。温柔的女人是幸福的，没有愁怨，更不会寂寞。是爱让她的心充盈而有力量，里边有温热的泉，双眸含水含笑。她明白自己的力量所在，魅力所在和快乐所在。她优雅的情怀与宽容的气度浑然一体，互相辉映。

"最是那一低头的温柔，像一朵水莲花不胜凉风的娇羞，道一声珍重，道一声珍重，那一声珍重里有蜜甜的忧愁。"徐志摩的一首诗，道出了温柔的女性美。温柔的女人，她不会脾气暴戾，虽然说起话来未必是柔声细气，但是语气平和，让人倍感舒适。温柔的女人总是善解人意，她用心倾听你的话语，而她的细语更是真情的流露。

温柔是女性独有的特点，也是女性的宝贵财富。如果你希望自己更完美、更妩媚、更有魅力，你就应当保持或挖掘自己身上作为女性所特有的温柔性情。须知：做女人，不能不懂温柔；要做个百分百女人，不能丧失温柔；要成为幸福快乐的女人，绝对不能不温柔。

女人最能打动人的就是温柔。温柔而不做作的女人，知冷知热、知轻知重。和她在一起，内心的不愉快会很快烟消云散，这样的女人是最能令人心动的。

女性的温柔是民族遗风、文化修养、性格培养三者共同凝练所致。一个真正温柔的女人，善于在纷繁琐事忙忙碌碌中温柔，善于在轻松自由欢乐幸福中温柔，善于在柳暗花明时温柔，善于在关切和疼爱中融合情人与妻子两种温柔，善于在负担和创造中温柔，更善于填补温柔、置换温柔，这些是女性走向成功的不可轻视的艺术。

温柔是一种美德，一种足以让男人一见钟情、忠贞不渝的魅力。男人挑剔的眼光，盯着女人的美丽的同时心里还渴求温柔。在充满浪漫与憧憬的青年时代，美丽或许会占上风，可当从感性回到理性的认识中时，男人就会越发明白：温柔比美丽更可爱。事实上也是如此，在季节的变迁、时间的轮回中，美丽的外表会失去光泽，而温柔将会永驻。这自然形成的女性温柔古往今来给人间带来多少深情挚爱、温馨和谐，让男人不能忘怀。

恋人的温柔若款款的催化剂，催促着爱情的花果早日绽放成熟。夫妻的温柔像一缕春天的阳光，像一轮秋夜的明月，为生活平添着温馨和明净。

看一个女人善良不善良，要先看她是不是温柔。人总是以善为本，如果善良是平静的湖泊，温柔就是从这湖上吹来的清风。

温柔里面包含着深刻的东西，这就是爱。这种爱之所以深刻，是因为它不是生硬地表演出来的，而是生命本体的一种自然散发。温柔可不是娇滴滴、嗲声嗲气。娇滴滴、嗲声嗲气是假惺惺，是故作姿态。而温柔是真性情，是骨子里生长出来的东西。一个女人站在我们面前，说上几句话，甚至不用说话，我们就能感觉到这个女人是温柔还是不温柔。

女人的温柔像沙漠里日夜吹起的风沙一样，当这温柔之沙飞扬起来时，是具有掩盖一切的姿态和力量的，虽是"沙"，却那么柔。女人的温柔像无孔不入的水滴一样，它可以涵养孕育大地之上的万物生灵……

可能你在事业上不是一个女强人，学历并不高，厨艺也不怎么样，你的手很笨拙，长相也一般，总之你绝对不能算得上是一个十全十美的俏佳人，但只要你有一大特点——温柔，就足以吸引许多男人的注意力。因为在他们眼中，你的这一特点胜过世间的无数景致。

林黛玉并不是《红楼梦》中最美的，可是宝玉还是更爱黛玉，读《红楼梦》的男人们也会觉得黛玉比宝钗更可爱。为什么？因为她比宝钗性格温柔，她的娇嗔，她的妩媚，她的婉转，她的细腻，她的柔弱无骨，甚至她的弱不禁风，哪个男人会不心疼这样一个林妹妹呢？又有哪个男人面对她的娇弱会不怦然心动呢？所以，在男人眼里，她就是最美的。

虽然林黛玉在《红楼梦》中是个悲剧人物，但在现实生活中，温柔的女人较之不温柔的女人能获得更多的幸福。

有这样一对夫妻：儿子已经结婚生子，妻子的温柔却不减当年。每天晚上，他们都会手牵着手，有说有笑地出去散步。那个柔情蜜意，就是热恋中的情人也不过如此。

当然他们也会争吵，但妻子一句责备的话也充满了温柔。他们的家庭是幸福的。丈夫舒心地工作，业绩辉煌，妻子把家打理得井井有条，日子过得非常充实快乐。这就是妻子性格温柔的力量。

男人需要女人温柔，正如女人需要男人阳刚一样，这是心理和生理的差异造成的，也是男人和女人之间的互补性要求。

春燕是那种长不大的"小女人"，睡懒觉、爱撒娇、爱使小性子，还动不动就抹眼泪。有一次，她又在妈妈面前撒娇，她的妈妈开玩笑说："这么大了还像个孩子，不改改这些臭毛病，以后恐怕嫁都嫁不出去……"

后来春燕不但嫁出去了，老公还很宠她，什么事都依着她、让着她，对她是呵护备至、疼爱有加。春燕的妈妈对女婿说："真是亏了你对她这么好了，你也别惯着她，她那些臭毛病呀该改改了。"然后就罗列了女儿一大堆"坏毛病"，没想到她的女婿竟然说："妈，我看这都不是毛病，我觉得这样才有女人味呢。"

趁妈妈不在的时候，春燕偷偷地问她的老公："我真的很有女人味啊？"她老公说："是啊。""那你举个例子。"春燕笑着盯着老公说。老公想了一会，说："比如，你从不大声嚷嚷，说话的声音永远都很温柔动听；比如，我早上上班走的时候，你总会检查一下我的衣服，有时会摘掉粘在上面的头发；比如，你看电视时，会傻傻地抹眼泪。还有……"

可见，女人的温柔，是一场无声的春雨，滋润着男人干枯的心灵，舒展男人疲惫的枝叶；是一杯淡淡的清茶，既解渴，又能化解疲劳。温柔的女人，是一溪清泉，缓缓地、轻轻地流淌出来，将男人围拢、包裹、熏醉，让男人感受到一种放松、一种归属、一种惬意。

温柔女人会审时度势地施展温柔的姿态。当遇到艰难困苦，她的姿态是柔韧的，这种柔韧可以使身边的人感受到力量；当身处平顺祥和的舒适岁月时，她的温柔便会表现出一种脆弱，婀娜无助得让人忍不住想扶她一把；当面对别人的温柔时，她则表现出一种慈祥，让他人安然于这份温柔的纵容。

女人的温柔是一种体贴，她把这种体贴化做一杯热茶或是热咖啡，当他工作了一天，刚刚进门，身心俱疲的时候，递上了这份"体贴"。即使他的心情再不好、受的挫折再多，这份知心的理解对他而言也是莫大的抚慰。

温柔的女人懂得用无言表达自己的关怀，如果感觉对方有倾诉的欲望，就会安静地坐在他的身旁做一只温柔的耳朵，虔心聆听他的烦恼。如果感觉对方想独自一个人静一静时，就轻轻地为他关上房门。给他独处的空间。这种体贴是一种真正的关切，是用自己的心设身处地的忖度他人的心情和处境，并给予关怀与爱护。面对这样一份浓情蜜意，再冰冷的心也会被融化、被温暖。

女人的温柔是因为爱而理解，因为爱而忍受男人，可以不急躁、不粗鲁、不固执，但并不代表着毫无主见，任人摆布。她们顺从但不盲从，只有在认同的基础上才会同意对方的做法，才会尊重他的决定。

女人的柔情在男人的心中是一道永远不灭的风景。这道风景里充满优雅淡静的诗意，充满温情含蓄的微笑，充满善解人意的抚慰。没有人会不喜欢这道风景。

做个温柔的女人，不是换一套素裙、举一杯红酒就可成就。她的魅力，来自性格、能力和修养。她规矩、内敛、温顺都来源于对自己表情的修枝剪叶，让美丽由内而外熏陶而出。

传承国学经典文化
重塑现代女性形象
修身心　养贤德
正家风　和天下

母仪为先：慈教严于义方

明末儒学者王相之母刘氏写了一部《女范捷录》的书，其中重点讲到了母教的作用。书中说："母仪先于父训，慈教严于义方"，"是皆秉坤仪之淑训，著母德之徽音者也。"

我们先看第一句，"先"是本，赶紧做的意思。像"百善孝为先"的"先"就是这个意思。"训"，是教育，教诲的意思。"慈"，是仁爱、和善的意思，常常特指母爱。"慈教"，这里特指母亲的教育。也就是说，母亲的教育，一定是在父亲对孩子的教育之前的。

我们再来看第二句，"淑"，本意是在清水中捡豆子！对于古人来说，水与豆子就可算是比较正常清淡的一餐饭。女孩子在清水中捡豆子，这样的淑女多么的冰清玉洁！"训"，是诫的意思，"淑训"在这里是说好的法则，此处可以特指用来教育女子的好教材。"秉"，是持，"坤"是女子，"坤仪"，也是指母仪，特别在后来专门指皇帝的正妃——皇后，言为天下母亲的表率的意思。"著"，是显著的意思。"显著"，是非常超出一般的女子的美好的事迹、女子美好的声音。"徽音"是美好的声音，犹指德音，可以延伸翻译成好的事迹。

这句话的意思可以翻译为，那些能够秉持母仪的良训或者善训，彰显母亲的懿德和美好声誉的典范，非常值得我们后世的女子效法和学习。

在我们整个浩浩的五千年文明中，很多圣贤母亲的事迹让我们叹为观止。东晋陶侃的母亲湛氏就是我国古代四大贤母之一，她有很多的故事，下面和大家分享一个在陶侃做官上任之前，陶母送子"三土"的故事。

陶母湛氏十六岁的时候，嫁给了吴国杨武将军陶丹为妾，生下了陶侃没几年，陶丹便病逝了，从此家道中落，一蹶不振。由于孤苦无依，战事之耗，湛氏携带幼小的陶侃回到了她的娘家，以纺织谋生，供陶侃读书。

陶侃在母亲的教导下，努力学习，读书万卷，尤其精通兵法。后来被太守范逵推荐为县令。陶侃在踏上仕途赴任之际，母亲把他叫到跟前，语重心长地说："孩子，为娘苦了一世，总算看到了你有出头之日，但愿我儿做一个清正之人，不可误国害民。"陶侃说："您放心吧，母亲，孩儿记住了。"最后他的母亲又说："为娘一生清贫，没有什么东西为你饯行，就送你三件土物。"陶侃疑惑不解："三件土物？""是的。你带上吧，到时你自然会明白的。"就给了他一个包袱。

来到官府之后，陶侃打开一看，只见里面包着一坯土块，一只土碗和一块白色的土布，这是他母亲用来养活他的最简单的生活用具。他先是一愣，过了一会，他慢慢体会了母亲的用意：原来一坯土块是教儿永记家乡的故土；一只土碗是教儿莫贪荣华富贵，保持自家本色；一块白色土布，更是教儿为官要尽心恤民，廉洁自奉，清清白白，永不忘本！母亲的三土深深地打动了陶侃的心，后来陶侃果如母亲所望，一生正直为人，清白做官。

在现代社会，也有很多像陶侃母亲这样的女人，她们用自己的母爱深深地影响着孩子、激励着孩子前进。

有一个女孩子，高中毕业后没有考上大学，找工作多次都不顺利。然而每次女儿失败回来的时候，母亲总是安慰她，鼓励她……起初，她被安排在本村的小学教书。结果，上课还不到一周，被学生轰下台，灰头土脸地回到了家里。母亲为她擦眼泪，安慰她说："满肚子的东西，有的人倒得出来，有的人倒不出来，也许有更合适的事情等着你去做。"

后来，她外出打工又被老板轰了回来，原因是手脚太慢。母亲对女儿说："手脚总是有快有慢的，别人已经干了好多年了，而你一直在念书，怎么快得了。"

女儿先后当过纺织工，干过市场管理员，做过会计，但无一例外都半途而废。然而每次女儿失败回来的时候，母亲总是安慰她，鼓励她，从来没有说过灰心和抱怨的话。

30多岁的时候，女儿凭着语言的天赋，做了聋哑学校的一位辅导员。后来，她开办了一家自己的残障学校。她又在许多城市开办了残障人用品连锁店。

有一天，功成名就的女儿向已经年迈的母亲问道："妈，那些年我连连失败，自己都觉得前途非常渺茫，可你为何对我那么有信心呢？"母亲的回答朴素而简单："因为你是我的孩子，不论怎样我都爱你！你犯错也好，你失败也好，妈妈都会是你永远温暖的港湾。再说了，一块地，不适合种麦子，可以试试种豆子；豆子也种不好的话，可以种瓜果；瓜果也种不好的话，撒上些荞麦种子也许能开花。因为一块地，总会有一粒种子适合它，也总会有属于它的一片收成……"

听了母亲的话，女儿落泪了。她明白了，实际上，母亲恒久不变的信念和爱，就是最坚韧的一粒种子。

虽然这只是教育中一个很平常、很普通的例子，但是，从这个小小的例子中也能看到母爱对于一个孩子来说有多么重要！

母亲由于母爱的天性，与孩子有一种天然的亲切感，所以在家庭中一般来说孩子都是主要由母亲来教育抚养，孩子与母亲的关系也更亲近。不论是为孩子营造环境，还是对其言传身教，母亲对孩子的教育都意义重大，可谓任重而道远。

有人说过这样一句话："一个民族的较量就是母亲的较量。"还有人说："推动摇篮的手也是推动世界的手。"德国著名教育家福禄培尔也曾说："国民的命运，与其说是操在掌权者手中，不如说是掌握在母亲手中。"由此可见，母亲意义之伟大，母亲教育之伟大。

　　人类的历史和当代教育科学也都证实，母亲在孩子教育中的特殊地位，是其他任何人（包括父亲在内）都难以替代的，尤其是早期教育。因为母亲与子女的关系是基于血缘关系形成的特殊关系。母亲是孩子出生后的第一个知觉对象、第一个模仿原型、第一个情感的传递者、第一任老师，母亲的言行对孩子有着特别重要的影响。

　　现代教育也发现，一个人在孩童时期能否接受良好的家庭教育将直接决定他长大后能否成就自己，几乎所有的教育家对这一点都深表认同。我们都知道，几乎所有的小孩在上学之前的这段时间，几乎都是跟妈妈形影不离地生活在一起的。这个阶段正好是孩子智商、情商、性格和心理等各方面发展的关键时刻。因此有教育专家就提出了这样的观点：好妈妈胜过好老师。

　　那么，妈妈应该怎样承担起自己的责任呢？我们认为，孩子的妈妈不能简简单单地扮演一个呵护孩子的"保护者"的角色，同时也要扮演一个教孩子认识世界、激发孩子身体和脑力健全发展、帮孩子健康成长的"老师"的角色。作为孩子的母亲，如果能充分认识到自己的这个除去"母亲"之外的特殊的"老师"的角色，那么毫无疑问，你的孩子将是幸运的；在你的引导和教育之下，孩子一定能获得一个良好的启蒙教育。

母亲的素质决定着人类和民族的未来。因为几乎所有的人所受到的早期教育都来自母亲。从某种意义上讲，母亲教育是"根"的教育，是"源"的教育；其他的教育则是"苗"的教育，是"流"的教育。

传承国学经典文化
重塑现代女性形象
修身心　养贤德
正家风　和天下

贤德仁爱：世间因女人而温暖

中国的传统文化中非常讲究"仁"，什么是"仁"？孔子说："仁者，爱人"，就是去爱别人、帮助别人、体恤别人；"仁"还有"忠恕"的意思，"忠"就是"己欲立而立人，己欲达而达人"，意思是说，人们要想自己站得住，必须使别人也站得住；自己要显达，也必须让别人显达。也就是说，在自己站起来时，要考虑到别人的利益，尽量使别人也站起来，这里应该包括在生活上、财力上接济帮助别人，也在道德上、修养上影响帮助别人，就是推己及人、积极为人的意思。这样做了，就是向为仁的路上走了。这是一种以他人为重、以社会为重的人生观；是一种有利于别人、有利于社会、有利于国家的生活态度；是一种积极进取、无私无畏、与人为善的献身精神；是一种为人处世中的行为准则。

这种爱，是一种博爱，一种泽被天下的仁爱。博爱是一种传统美德。孔子有"四海之内皆兄弟"的教诲，孟子有"亲亲而仁民，仁民而爱物"的传言，墨子有"天下之乱，乱于不相爱，天下之治，治于兼相爱"的警示。古代智者，无不把博爱作为一种优秀品德来树立。

在中国历史上，有很多贤德仁爱的女人，她们以天下苍生为重，谱写了一曲曲爱的赞歌。东汉和帝刘肇的皇后邓绥，就是其中的典范。

邓绥是南阳（今属河南）新野人，出生于一个显赫的家族。其祖父是东汉开国元勋邓禹；其父亲邓训为护羌校尉，于汉边疆为官十几年，在少数民族中享有极高的威望与声誉；其母亲阴氏，为光武帝皇后从弟之女，可以说一家显赫。

邓绥身体修长，容貌体态也都非常美丽，是绝色佳丽，异常出众。永元八年冬天，邓绥进入掖庭做了贵人，当时年仅 16 岁。她恭敬严谨，一举一动都符合礼法要求；她侍奉当时的阴皇后，昼夜小心；她关心同级别的嫔妃，经常是宽人律己，即使是宫女奴仆，她也全部加以爱惜，施以恩惠。因此，得到和帝的嘉奖，可以说对她非常宠爱，在邓绥生病时，特别命令她的母亲兄弟进宫看护，照料其医药服用，而且不限定日期。邓绥就对汉和帝说："皇宫的防卫至关重要，而让宫外的家人长期到宫内住，于陛下而言，您会受到宠幸偏爱的讥讽；于妾身而言，又会遭到不肯知足的诽谤。上下一齐受到损害，我实在不愿意这样。"汉和帝说："别人都以家人能多次入宫为荣誉，贵人却反而为它担忧，约束和降低自己，确实是别人难以相提并论的啊。"

和帝死后，被尊为太后的邓绥主持朝政。由于接连遭受大丧，百姓苦于劳役，所以邓太后就将殇帝康陵墓穴中的随葬品和修建陵园等事全都加以削减为原来规定的十分之一，没有不自量力地铺张奢华。

邓太后临朝执政后，闹了十年水灾、旱灾。于外，有四方的少数民族入侵；于内，盗贼兴起。而邓太后一听说有人挨饿，往往往会整夜睡不着觉，然后自己带头减少供给，以阻止灾害。这样做后，天下往往又恢复和平，年景又获丰收。

邓太后还曾经下诏书给各园中的贵人，如果宫女里家中有年老体弱不能胜任差事的同族人，让园监核查后报上名来。邓太后亲自到北宫的增喜观去查看慰问她们，任凭她们离去或留下，当天就免罪遣送出宫五六百名宫女。

邓绥的这种爱，就是我们上面所说的博爱。女人的博爱是伟大的，女人的博爱是无私的，女人的博爱是崇高的，女人的博爱也是神圣的。正是这种博爱，给世界换了一张崭新的面孔，同时也让自己的人生从此与众不同。

博爱实际上不仅是一种社会伦理，更重要的，它还是一种让你人生更快乐的法则和心态。只有博爱的女人，才能胸襟开阔，才能真正做到待人热情、友善，乐于助人，才能在社会交往中永立不败之地。

其实，不仅仅中国的传统文化倡导博爱，美国思想家、文学家、诗人爱默生也曾说："博爱将给这个可怕的旧世界一张新面孔。我们像一个陌生的敌人在这个世界里已经生活得太久了。"你是否明白？如果我们希望自己和人们生活得更幸福，那么，就必须求助于一种更伟大、更仁慈的力量——博爱的力量。

下面我们读一读海伦·凯勒的故事吧：

1881 年，在美国亚拉巴马州的塔斯甘比亚镇，一个刚两岁的女婴在一次高烧后，永久地失去了视力和听力，处于双重孤独之中。这个女孩就是海伦·凯勒。

到了读书的年龄，母亲给海伦请了家庭教师莎莉文小姐。开始，海伦总搞恶作剧，比如把老师锁在楼上。但莎莉文老师好像并不记得这些，不厌其烦地引诱她从每一件东西的名称慢慢学起。一天早晨，海伦在花园里摘了几朵早开的紫罗兰送给老师。莎莉文小姐用胳膊轻轻地搂着她，在她手上写了几个字，传达老师爱她的意思。海伦那时还很小，除了能触摸到的东西外，几乎什么都不懂。她问："爱是什么？"莎莉文老师搂紧海伦，用手指着她的心说："爱在这里。"海伦第一次感到了心脏的跳动，但依然迷惑不解，又用手势问道："爱是不是太阳？"莎莉文老师回答说："爱有点儿像太阳没出来以前天空中的云彩。"接着，她解释说，虽然云彩摸不到，但你能感觉到雨水。爱也是摸不着的，但你能感到她带来的甜蜜。没有爱，你就不快活，也不想玩了。海伦明白了其中的道理。

年龄再大一些，莎莉文老师经常在户外教海伦读书、学习，世界万物都是可供她学习的东西，都能给她以启迪。从此，毛茸茸的小鸡、绽开的野花、木棉，微风吹过玉米田发出的飒飒声，小马嘴里发出的青草气息，都深深的烙记在海伦幼小的爱的心田里生根发芽了。

后来，集盲聋哑于一身的海伦毕业于哈佛大学，并以爱心焕发的生命力量四处奔走，创建一家家慈善机构，让身后的残疾人免遭痛苦。同时，海伦还将自己所经历的痛苦和幸福记录下来，以勉励后世之人。她那本记载着自己生命故事的《假如给我三天光明》总能给我们无穷的震撼和力量。在这本书里，海伦想象自己如果有三天的光明，将通通地献给别人，甚至去森林中看一朵小花，抚摩它柔弱的叶脉。

海伦是一个独特的生命个体，可以说，是博爱给了她第二次生命。

如果有人问你："女人最大的财富是什么？"你会如何回答？你可能说是善良，可能说是美貌等等。但我认为，只有博爱才能称为女人最大的财富。海伦·凯勒的博爱使她一心想着他人，并成就了后来人不可企及的精神高度。她给我们带来了心灵的财富！

那么，一个女人，如何才能做到博爱呢？女人的博爱往往体现在对丈夫的体贴、对孩子疼爱、对朋友的关怀、对同事的帮助、对陌生人的友善、对社会对人类的贡献等方面。

第一，对于丈夫，女人依靠起来往往像依靠父亲，疼爱起来却像孩子。当充满浪漫色彩的爱情变成锅碗瓢盆交响乐的时候，虽然生活日趋平淡，但是取代浪漫激情的却是那亲密无间的亲情，夫妻都成了家庭不可分割的一部分，彼此依赖，彼此关怀，彼此爱护。

第二，对于孩子，母爱是天职，"慈母手中线，游子身上衣。"这句古诗是最能说明母爱的伟大了。每一个人，无论你走到哪里，只要你离不开衣服，你就离不开母爱。母爱是一种原始的爱，是本能的爱，是一个女人有生具来的本性，所以这是一种来自母性的本职。

第三，对于朋友，交往中，如果是同性朋友，那是互相的关照，姐妹之间都会用不同的方式表现出女性的爱；如果是异性朋友，女性则要很好地把握尺度和距离，注意语言深浅的表达，距离远近的保持，和交往的密切程度，使男人不会有非分之想，在关键的时刻熄灭自己的欲火，把你当作人生知己看待，既不失朋友间的亲密无间，又保留了那纯洁的友情。

第四，对于同事，其实和同事在一起的有效时间要比和丈夫在一起的时间多，那是每天必保的八小时。而夫妻去除睡觉的时间，很难在一起呆上八小时的。工作中女人比男人更能任劳任怨，吃苦耐劳，且她们游刃有余，会成为男同事之间的调和剂。

第五，对于陌生人，尽管素不相识，在别人需要的时候，如果你能伸出温暖的手，帮助他们渡过难关，那么，你的博爱之心将会给他们带来新的希望！

第六，对于社会，如果你懂得奉献，那将是大爱无疆的做法。社会需要有博爱之心的人。如果社会缺乏博爱，那么，我们的世界将会变得非常可怕。正是有了那些具有博爱之心的人，我们的社会才更加美好、更加和谐、更加有凝聚力和感染力。

　　总之，有女人的地方就有爱的存在，有女人的地方就是温暖的地方，有女人的地方就是幸福的地方。做一个博爱的女人吧，相信你能给面前的世界换一张新的面孔！

　　　　　爱是女人一生都要学习的一门学问，女人被别人爱不难，难的是学会怎样爱别人。只有学会爱，你的爱才会持久，魅力才能在你身上永存，幸福也才会稳固而持久。

传承国学经典文化
重塑现代女性形象
修身心　养贤德
正家风　和天下

中国的教育有 5000 年的历史，其中的经验、智慧、方法与内涵，是任何一个有智慧、有远见的人都不会忽视的。而女德作为传统教育的重要部分，更应该引起人们的重视，因为它包涵了作为一个女人所有的智慧。

修养身心：凡为女子，先学立身

唐有若莘，宋家长女。效学孔子，著女论语。

二妹若昭，诠释有余。韵章十二，四言传继。

在唐朝，有一位了不起的女学士，《新唐书》里说她叫宋若莘，而《旧唐书》说她叫作宋若华。她是家里的长女，聪慧过人，曾经仿照《论语》，写过《女论语》十章。

后来，她的二妹宋若昭，为姐姐的《女论语》作注解，写成四言一句的韵文十二章，由于文字浅显易懂，反而流传了下来。而姐姐的《女论语》却因此失传，至今找不到原文了。她们姐俩因为德、才、貌兼备，相继做过皇宫中的尚宫官职，成为一朝佳话。

《女论语》是教女子立身的，立身就是修身。儒家四书《大学》里面讲，"自天子以至于庶人，壹是皆以修身为本"。修身是根本，不管是天子还是庶人，也不管是男性还是女性，都要重视修身。只有能够修身，我们才能够齐家，进而治国平天下。也就是现在我们政府提倡的构建和谐社会，共建和谐世界。怎么样来建？就是要修身。每个人都各自以修身为本，这个和谐社会才能实现。

《女论语》的开篇中就讲："凡为女子，先学立身。立身之法，惟务清贞。清则身洁，贞则身荣。"这个"立"跟"成"字的意思是一样的，所以立身就是成就自己的为人之道，就是你如何去成全你的品德。做人之道对女子来讲重要的是什么？就是"立身之法，惟务清贞"，女子做人概括起来就是两个字"清贞"，可以说概括得非常好。

什么叫清，什么叫贞？有人将其注解为："端洁安静之谓清，纯一守正之谓贞"。端就是端正，洁是清洁。端正是首先心地要端正，然后举止行为就端正了。诚于中而形于外，如果心地不端正，自然行为也就不端正。

纯一坚贞是指持身的节操，外在虽然是温婉柔顺，可是内心里能够有守一坚贞的气节，内刚外柔，内方外圆。

现在社会是开放时代了，往往男女之间对于贞洁观念非常淡薄。有报道，现在未成年女性堕胎的问题很严重。有一位妇产科的医师，她从事妇产科工作三十年，接触到各种类型堕胎的人，数不胜数。这些女子绝大多数都是对于男女之间交往不慎重。她举出一位女子，她是公司的职员。她在十八岁就跟同学早恋，到十九岁就堕过一次胎。结果那次堕胎大出血，失血性的休克，这个男友感觉到不行，人命关天，于是才通知她的父母。父母来看到自己的女儿，在医院里面生命垂危，很痛心。后来好不容易把她抢救过来了，结果半年之后她又怀孕了，又去流产。此后不久又怀孕，那时候就想跟男友商量结婚，但是男方又不答应，只好又去做流产。可是这次流产让她痛得死去活来，手术之后子宫出血不止，到医院检查，诊断为盆腔炎，子宫体炎。后来她家里的钱都拿来治病还不够，找她男朋友要钱，男朋友不给。结果这男朋友就跟她了断了关系，另觅新欢。她自己非常的痛苦，精神上、肉体上都受到摧残。当然这位男朋友固然是不负责任，但是我们总是要反求诸己，还是自己对于清贞的这种立身之法没有注重，太随意了，结果自己自食恶果。

这个妇产科医师还有一个例子，是一个十五岁的初中生，也是早恋，发现怀孕后，家里人都不知道。结果因为她自己害羞，不敢告诉家人，自己就随便找一种流产的药服用。服了药之后一直血流不止，持续了一个多月。因为流血过多，全身乏力、头昏，站都站不起来。无奈最后父母把她送到医院去检查，发现子宫有残留，就是她曾经怀过孕。家长感觉到非常吃惊和无奈，痛心得哭都哭不出来，这么小的孩子就已经因为流产而得了妇科病。

这是举出其中两个例子来说明修身是多么重要，自己真正要在品性上好好把持住自己，那才能够身洁身荣。身洁至少你是健康的，身心都健康。身荣是什么？你没有羞辱，没有感觉到愧疚的事情。品德得到完美无缺，这是人生最值得庆幸的事情。

我们的传统文化，一直在强调修身，这是一种由内而外的修养。对一个女人而言，什么才是最重要的？靓丽的外表、过硬的学历、无数的财富……靓丽的外表总能给你以美的享受，但这只是表面功夫，经不起时间的考验；无数的财富总能让女人买到普通人难以享受的高档品，但是一身名牌最多让人们承认你很阔绰，而不会觉得你尊贵。

不要以为脂粉涂饰的外表，就能遮掩住一切性格和人格中不好的东西。修养的高低与好坏，会给人以充分的感受：是温文尔雅，还是谦卑忍让；对人是不温不火，还是不卑不亢；是品德端正，还是卑劣低下……一个人若是没有修养，那将是很可怕的事，尤其对女人而言，简直不可想象。因为女人一旦失去修养，就会变得不可理喻，而有修养的女人永远都是潇洒从容、举止得体、儒雅大方，不管是顾盼神飞，还是举手投足，都让人心生怜爱与敬佩。这样的女人，才是最美的女人！

　　一位中年主妇察觉到自己的丈夫经常在家里夸奖他的女助手，这让本来很自信的她也开始怀疑起自己的魅力来。心想自己已经是年老色衰，而丈夫的助手一定年轻貌美。于是她开始频繁地进出美容院，往返于各大商场之间，每天描眉画眼、梳妆打扮，最后听人介绍竟做了美容手术。

　　尽管这样，丈夫却对她的精心装扮视若无睹，仍旧每天大谈他的那位助手。终于妻子沉不住气了，试探着开始打听女助手的背景。或许是看出了妻子的心思，丈夫邀请妻子一同去探望那位助手。谁知一见之下，妻子竟大为吃惊。因为女助手既不年轻也不漂亮，是一位头发已经开始花白、身材发福的中年妇女。但妻子也感觉到她在言谈举止中分明透露出来的聪慧、自信、乐观和机智，周围的人无不受到她的感染，甚至这位妻子也抵抗不了她的魅力，十分急切地想和她交个朋友。通过这件事，这位妻子明白，言谈举止赋予一个女人的魅力是任何华服和美容术都无可比拟的。

有修养的女人静若幽兰，芬芳四溢。时间可以扫去女人的红颜，却扫不去女人经过岁月的积淀而焕发出来的美丽。这份美丽就是女人经过岁月的洗礼而成就的修养与智慧，就像秋天里弥漫的果香一样。有教养的女人像潺潺溪水，浸润周围的人。有教养的女人充满自信的干练，充满情感的丰盈与独立，懂得在得到与失去之间找到平衡。修养与智慧让女人在不同的时刻呈现出不同的状态，一生散发着无穷的魅力。英国政治家柴斯特菲尔德说："一个人只要自身有教养，不管别人举止多么不适当，都不能伤害他一根毫毛。他自然就给人一种凛然不可侵犯的尊严，会受到所有人的尊重。一个没有教养的人，容易让人生出鄙视的心理。"

某大型公司招聘总经理助理，待遇优厚，很多女孩前来面试。她们都认真地准备了简历，并且画着漂亮的妆，穿上了自己最时髦的衣服。于是，一个个靓丽的美女出现在了应聘处。然而，这么多人面试，录取名额却只有一个。大家一边默默地祝福自己能够入选，一边想象着这么大的公司，能被总经理看上的助理一定是最美丽的女子。可是，当面试结果出来的时候，她们却大跌眼镜。一个叫盛雪的女孩被采用了，可她既没有美丽的外表，也没有时髦的打扮，她是那么的普通……很多人都觉得自己比她强得多，对于自己被淘汰耿耿于怀，然而，总经理的一席话却让她们心服口服。

"感谢大家来参加此次招聘，从大家一进门，我就已经注意到各位的行为了，你们当中只有盛雪把走廊里倒在地上的扫把扶了起来，而且，她进入公司之后一直姿态优雅，举手投足都大方得体，而不是等到开始面试时才走着端正的步子。再者，她的简历上填的更多的是她参加过的爱心公益活动，而不只是获过多少奖项。如此一个有爱心、细心，又不夸夸其谈的女孩，正是总经理助理的最佳人选。"

在这么多人中脱颖而出，盛雪所依靠的并不是美丽的面容，而是她的修养。虽然漂亮的外表可以获得别人的羡慕，但是能让人从内心产生敬意的还是修养。良好的修养不仅是女人获得良好人缘的前提，也是女人在职场中获得成功的催化剂。

修养可以使人变得清澈、宽容，它就像水一样，也许你不口渴的时候，感觉不到有多需要它，可一旦需要了，才体会到它的重要性。同样，对于提升女人的气质，修养也起着必不可少的作用，缺少了它，女人即使有漂亮的容貌，也未必能够获得自己想要的结果。

拥有良好修养的女人就如同涓涓小溪细细流淌着，小溪流过滋润了土壤。有修养的女人就如同小溪一样，用纯净简单的心态去对待万物、包容万物。面对纠纷和矛盾的时候，有修养的女人都会展现出宽容的一面，用广博的心胸默默包容，化干戈为玉帛，从而将品质的光辉转化为影响力和凝聚力。就是这样，有修养的女人在职场和生活中都能令自己处于不败之地。身为女人，用良好的修养作为自己的底色，无论身处温室还是僻壤，都会游刃有余地面对一切，尽显生命之华彩。

　　一个阳光明媚的午后，两个少妇带着各自的孩子在小区里玩耍。调皮是小孩子的天性，两个小家伙东摸摸、西碰碰，对什么都是那样的好奇。

　　"不许摘花！"一声呵斥吓得两个孩子哇哇大哭起来，原来两个母亲只顾着聊天，注意力离开了孩子，而两个小家伙看着花园中的鲜花开得正艳，就一朵接着一朵采摘了下来。呵斥声正是看花老人吼出来的。看花老人本来是想阻止孩子继续摘花，没想到由于嗓门太大吓到了孩子，一脸愧疚地向孩子的母亲道歉。

　　看到受惊吓的孩子哇哇大哭，当妈妈的心里自然心疼，但是两个妈妈的做法却大相径庭。一个妈妈一边安慰孩子，一边向看花人连声道歉，承认孩子摘花是自己的过错。另一个妈妈却抱起孩子就对看花老人破口大骂，恶语相加。这时候很多人都看不过去了，纷纷指责对老人破口大骂的少妇："看花老人是尽他的职责，虽然方式欠妥，可是老人已经道歉了，你怎么还能去骂老人呢？"

　　听到周围人的议论，那个女人抱着孩子悻悻地离开了。

　　女人的修养就是从点滴小事中显露出来的。故事中得理不饶人的少妇外表虽然美丽，但是行为的粗鲁已经让她的美大打折扣，令人望而生畏。而另外一个肯于承认自己错误的少妇，其善待他人的做法体现出对别人的尊重，其实尊重别人也就是尊重自己，有修养的女人总会像花朵一样芳香四溢。

有修养的女人，拥有广阔的胸怀和博爱的内心。修养就如同山间那欢乐的百灵鸟，因为清脆地鸣叫，寂寥的山谷才回荡起美妙的声音；拥有修养的人就像山坡中朵朵盛开的杜鹃花，因为美丽的点缀，绿草成茵的山坡才充满绚丽的色彩。

修养是道德美的表现，它会随着岁月的流逝、心灵的净化而日益显示出光华。有些女人看上去十分美丽，但言语粗俗、行为粗鲁，往往令男人望而却步；相反，那些相貌平常，但言谈举止富有修养的女人常常能赢得人们的心。

心定神闲：真正的安宁来自内心

《礼记》里面讲的圣人治人七情，把七情六欲降到最低，这样你的修养功夫就深了。七情是什么？喜怒哀惧爱恶欲。喜是欢喜，我们内心确实要有欢喜心，但是不能够过喜。过喜是什么？往往是外面的一些喜讯来了，你听到喜讯就非常欢喜，过分欢喜这就失态了。跟真正内心涌出来的欢喜不一样，那个像流水一样，潺潺流水，它不会让你很冲动。怒，发脾气；哀，哀伤；惧，恐惧。女子往往一恐惧的时候就大叫，这也都是失仪。这表明什么？她的修养不够，定力不足，需要平时去修学的。所谓学问深时意气平，真正有学问有道德的人，不论男女，他的气是平和的，心平气和，他不会那样波澜起伏。

有些女人，可以镇定地面对命运带来的诸多曲折坎坷，不在意周围的人有怎样的幸运和财富，只是执著于自己脚下的路，做好自己应该做的每一件小事，不在乎结果是否符合自己的预期。虽然看似平淡，但一路上却是风光无限。工作、感情、生活，每个方面都可以经营得有声有色。即使在旁人看来并不够富足，却可以保持平和。

不以物喜，不以己悲。得意时，不必奔走相告，彻夜狂欢；失意时，也不必寻死觅活地悲伤痛苦。这样的道理，大家都懂。然而，很多女人仍然疲惫。整日抱怨活着真累，失去了太多本应珍惜的，又得不到自己想要的，面对重重压力，在黑暗中彷徨失措，寻不到适当的出口。带着如此心境，想要获得救赎和解脱，近乎痴人说梦。

女人的心思向来是比较敏感和脆弱的，遇到不顺心的事情就容易胡思乱想，而且往往是越想越坏，越想越离谱。原本并没有怎样严重的事情，也会在内心的恐惧中变得越来越可怕。

比如，在工作中，因为自己的方案或者报告不符合领导的喜好，而领导刚好又心情不好，于是被狠狠地教训了一顿。这本是很多人都会遇到的事情，耐心找出自己的问题，重新修改，总会得到认可，并不是什么过不去的坎儿。就算当时的确是因为领导的心情，将问题扩大化，也不必太过在意。做好自己的工作，才是根本。然而，对有的人，特别是自尊心比较强的女人来说，这却是噩梦般的遭遇。自己辛苦努力的结果被轻易否定，是不是能力不够？是不是领导故意和自己过不去，还是彼此之间注定没办法配合默契？有了这样一个情绪化的领导，以后的日子怎么办？很多问题徘徊在脑海里，挥散不去。精力已经无法集中在当前的这份工作任务上，而会随着纷乱的思绪不断地扩大。如此以来，解决问题就变成了一项很浩大、很复杂的工程，甚至会考虑到是否要继续从事这份工作。当内心的恐惧感和迷茫感加重的时候，往往容易作出错误的决定。

比如，在感情中，两个人之间的感情越深，越容易发生各种各样的误会。对于很多女人来说，没有办法看着自己心爱的男人与其他的漂亮女孩做朋友，动不动就吃醋、无端地猜忌，或者强迫爱人不能与其他女孩来往。如果说偶尔吃吃醋，还算是一种可爱、在乎的表现，那么太过在乎，就会给双方造成心理上的压力和负担。长此以往，裂痕不断加深，就会成为无法弥补的错误。很多人都曾因误会而错过一段感情，再记起，只有满心的悔恨和伤痛。可如果不能使自己在面对这类事情的时候变得释然，就还会发生相似的事情。

再比如，在生活中，有些本可以扼杀在摇篮里的小事，会被某些人演变成大事。有个最简单的例子：某人刚刚与别人吵过架，心情很糟，脸色和语言带着诸多不快。而这时，另一个人刚好试图与他沟通。见到如此情景，通常会有两种结局。第一种，是就事论事。不管之前发生了什么，只要后来的这个人带着友好和善意，事情就会圆满解决。第二种，是两人之间再起冲突。因为后来的人见到这位不愉快的先生或小姐时，误以为对方不友好或者认为对方因其他事情迁怒到自己身上。于是，自己心里也产生了不快。这种急躁的、不分青红皂白就妄下判断的情绪，实在是不够冷静的。

悲剧总是重复上演，命运的境遇总是如此相似，而相似的结果其实是取决于性格和处世方式的。我们会羡慕身边的人有温婉的性格，有人见人爱的境遇，有豁达、开阔的心胸，就好像世间的事从来都不会对他造成伤害，这种对恶劣环境的免疫能力实在值得令人羡慕。假如身边有一个淡然自若的女孩，清雅得就像风中的一朵茉莉，你也许会忽然觉得，生活远比你想象中的要美好。

人生最好的境界是丰富的安静，也就是所谓淡然。保持一种淡然、安定的心态，看轻世间的纷纷扰扰，不轻浮、不烦躁、不急功近利，遇事要沉静、多思考、稳如泰山，才算是拥有了丰富的精神宝藏。

"淡"是心境。不管外表显得多么镇定自若，唯有内心真正的平和，才能使人保持淡然。每个人都有着不同的过往，经历不同，对周围事物的看法和处世方法也不尽相同，因而内心产生的情绪千姿百态。想要做到惊喜过后的沉静、成功过后的思考、被称赞过后的自省，就需要拥有一份"淡"的心境。

也曾有人觉得，一个人养成了"淡"的心境，未必是件好事。"淡"到了骨子里，凡事忍气吞声、碌碌无为，此生注定平庸。然而，这不过是对淡然的一种误解。或者说，这不过是一种消极的淡然，自然是不值得推崇的。

真正的淡然并不是消极、无为的，而是学会放过那些不切实际的目标和追求，抛弃虚妄的浮躁和幻想，明白什么样的事是切实可行，能够通过努力实现的，而后才会付出自己全部的精力。不好高骛远，也不盲目攀比，有所为，有所不为，方能实现有为。生活中，我们时常会遇到说话不着边际的人或者爱做梦的人，接触得久了，只能敬而远之。如果多么宏大的理想和野心都只能是空谈，那么追求也就显得毫无意义了。所以，保持淡然的心态，才能找到真正适合自己的路。

"最贤的妻，最才的女"。这是相濡以沫的丈夫钱钟书对杨绛的最高评价。

杨家世居无锡，是当地一个有名的知识分子家庭。杨绛的父亲杨荫杭学养深厚，早年留日，后成为江浙闻名的大律师，做过浙江省高等审判厅厅长。辛亥革命前夕，杨荫杭于美国留学归来，到北京一所法政学校教书，就在这年 7 月 17 日，杨绛在北京出生，父亲为她取名季康，小名阿季。

1935 年 7 月 13 日，钱钟书与杨绛在苏州庙堂巷杨府举行了结婚仪式。随后钱钟书考取了中英庚款留学奖学金，杨绛毫不犹豫中断清华学业，陪丈夫远赴英法游学。满腹经纶的大才子在生活上却出奇地笨手笨脚，学习之余，杨绛几乎揽下生活里的一切杂事，做饭制衣，翻墙爬窗，无所不能。杨绛在牛津"坐月子"时，钱钟书在家不时闯"祸"。台灯弄坏了，"不要紧"；墨水染了桌布，"不要紧"；颧骨生疔了，"不要紧"——事后确都一一妙手解难，杨绛的"不要紧"伴随了钱钟书的一生。

1937 年，上海沦陷，第二年，两人携女回国。钱钟书在清华谋得一教职，到昆明的西南联大上课，而杨绛留在上海，在老校长王季玉的力邀下，推脱不过任了一年母校振华女中的校长，这也是她生平惟一一次做"行政干部"，其实一贯自谦"我不懂政治"的杨绛，正是毕业于东吴大学的政治系。

1945 年的一天，日本人突然上门，杨绛泰然周旋，第一时间藏好钱先生的手稿。解放后至清华任教，她带着钱钟书主动拜访沈从文和张兆和，愿意修好两家关系，因为钱钟书曾作文讽刺沈从文收集假古董。钱家与林徽因家的猫咪打架，钱钟书拿起木棍要为自家猫咪助威，杨绛连忙劝止，她说林的猫是她们家"爱的焦点"，打猫得看主人面。杨绛的沉稳周到，是痴气十足的钱钟书与外界打交道的一道润滑剂。

家有贤妻，无疑是钱钟书成就事业的最有力支持。1946年初版的短篇小说集《人·兽·鬼》出版后，在自留的样书上，钱钟书为妻子写下这样无匹的情话："赠予杨季康，绝无仅有的结合了各不相容的三者：妻子、情人、朋友。"

1966年，钱钟书和杨绛都被革命群众"揪出来"，成了"牛鬼神蛇"，被整得苦不堪言，杨绛还被人剃了"阴阳头"。她连夜赶做了个假发套，第二天照常出门买菜。群众分给她的任务是清洗厕所，污垢重重的女厕所被她擦得焕然一新，毫无秽气，进来的女同志都大吃一惊。

形势越来越严峻，钱钟书在中国社科院文学所被贴了大字报，杨绛就在下边一角贴了张小字报澄清辩诬。这下群众炸窝了，身为"牛鬼蛇神"的杨绛，还敢贴小字报申辩！她立刻被揪到千人大会上批斗示众。当时文学所一起被批的还有宗璞、李健吾等，其他人都低着头，只有杨绛在被逼问为什么要替资产阶级反动权威翻案时，她跺着脚，激动地据理力争："就是不符合事实！就是不符合事实！"这"金刚怒目"的一面，让许多人刮目相看，始知她不是一个娇弱的女人。

1969 年，他们被下放至干校，安排杨绛种菜，这年她已年近六十了。钱钟书担任干校通信员，每天他去邮电所取信的时候就会特意走菜园的东边，与她"菜园相会"。在翻译家叶廷芳的印象里，杨绛白天看管菜园，她就利用这个时间，坐在小马扎上，用膝盖当写字台，看书或写东西。而与杨绛一同下放的同伴回忆，"你看不出她忧郁或悲愤，总是笑嘻嘻的，说'文革'对我最大的教育就是与群众打成一片。"其实十年文革，钱杨夫妇备受折磨，亲人离散：杨绛最亲的小妹妹杨必被逼得心脏衰竭辞世，女婿王得一也在批斗中不堪受辱自杀？？而沉重的伤悲未把两人压垮，在此期间，钱钟书仍写出了宏大精深的古籍评论着作《管锥编》，而杨绛也完成了翻译讽刺小说的巅峰之作——八卷本的《堂吉诃德》。从干校回来八年后，杨绛动笔写了《干校六记》，名字仿拟自沈复的《浮生六记》，记录了干校日常生活的点滴。这本书自 1981 年出版以来在国内外引起极大反响，胡乔木很喜欢，曾对它下了十六字考语："怨而不怒，哀而不伤，缠绵悱恻，句句真话。"赞赏杨绛文字朴实简白，笔调冷峻，无一句呼天抢地的控诉，无一句阴郁深重的怨恨，就这么淡淡地道来一个年代的荒谬与残酷。女儿钱瑗一语道破："妈妈的散文像清茶，一道道加水，还是芳香沁人。爸爸的散文像咖啡加洋酒，浓烈、刺激，喝完就完了。"

从 1994 年开始，钱钟书住进医院，缠绵病榻，全靠杨绛一人悉心照料。不久，女儿钱瑗也病中住院，与钱钟书相隔大半个北京城，当时八十多岁的杨绛来回奔波，辛苦异常。钱钟书已病到不能进食，只能靠鼻饲，医院提供的匀浆不适宜吃，杨绛就亲自来做，做各种鸡鱼蔬菜泥，炖各种汤，鸡胸肉要剔得一根筋没有，鱼肉一根小刺都不能有。"钟书病中，我只求比他多活一年。照顾人，男不如女。我尽力保养自己，争求'夫在先，妻在后'，错了次序就糟糕了。"

1997年，被杨绛称为"我平生唯一杰作"的爱女钱瑗去世。一年后，钱钟书临终，一夜未合眼的杨绛附他耳边说："你放心，有我呐！"内心之沉稳和强大，令人肃然起敬。"钱钟书逃走了，我也想逃走，但是逃到哪里去呢？我压根儿不能逃，得留在人世间，打扫现场，尽我应尽的责任。"当年已近九十高龄的杨绛开始翻译柏拉图的《斐多篇》。2003年，《我们仨》出版问世，这本书写尽了她对丈夫和女儿最深切绵长的怀念，感动了无数中国人。而时隔四年，96岁高龄的杨绛又意想不到地推出一本散文集《走到人生边上》，探讨人生的价值和灵魂的去向，被评论家称赞："九十六岁的文字，竟具有初生婴儿的纯真和美丽。"

这位老人的意志和精力，让所有人惊叹！

这也是她一贯身心修养的成果。据杨绛的亲戚讲述，她严格控制饮食，少吃油腻，喜欢买了大棒骨敲碎煮汤，再将汤煮黑木耳，每天一小碗，以保持骨骼硬朗。她还习惯每日早上散步、做大雁功，时常徘徊树下，低吟浅咏，呼吸新鲜空气。高龄后，改为每天在家里慢走7000步，直到现在还能弯腰手碰到地面，腿脚也很灵活。

当然更多的秘诀来自内心的安宁与淡泊。杨绛有篇散文名为

《隐身衣》，文中直抒她和钱钟书最想要的"仙家法宝"莫过于"隐身衣"，隐于世事喧哗之外，陶陶然专心治学。生活中的她的确几近"隐身"，低调至极，几乎婉拒一切媒体的来访。2004 年《杨绛文集》出版，出版社准备大张旗鼓筹划其作品研讨会，杨绛打了个比方风趣回绝："稿子交出去了，卖书就不是我该管的事了。我只是一滴清水，不是肥皂水，不能吹泡泡。"

钱钟书去世后，杨绛以全家三人的名义，将高达八百多万元的稿费和版税全部捐赠给母校清华大学，设立了"好读书"奖学金。杨绛与钱钟书一样，出了名的不喜过生日，九十岁寿辰时，她就为逃避打扰，专门躲进清华大学招待所住了几日"避寿"。她早就借翻译英国诗人兰德那首著名的诗，写下自己无声的心语："我和谁都不争、和谁争我都不屑；我爱大自然，其次就是艺术；我双手烤着生命之火取暖；火萎了，我也准备走了。"

保持一份安宁与淡然，用平常心拥抱生活，你的生活将充满快乐。平常心的世界是无限的，在平常心的字典里找不到烦恼。生活并不是一帆风顺的，有成功也有失败，有开心也有失落，若把这些起起落落看得太重，那么生活对于我们来说永远都不会坦然，永远都没有欢乐和笑声。

得而不喜，失而不忧，生活要有平常心。人生中，长长短短，聚聚散散，不是处处、事事、时时都能达到完美，用平常心拥抱生活才是人生的至高境界。

传承国学经典文化
重塑现代女性形象
修身心 养贤德
正家风 和天下

知止节欲：降服自己的贪心和欲望

中国传统经典《道德经》给后人留下了许多至理名言，其中有一句是这样说的："知足不辱，知止不殆，可以长久。"这句话的意思是显而易见的，只有"知足"和"知止"的人，才能立身长久，而且可以免去生活中的许多忧愁和悲伤，让快乐的心情永远占据自己思维的空间，从而尽享人生的乐趣。

现实生活中的每一个女人，大都是希望活得潇潇洒洒、快快乐乐的，谁也不想自己做"林黛玉"式的人物。然而，如果在人生的历程中祈求得太多，认识不到愿望与现实总是有距离的，适可而止是一种理智；或者对自己已经得到的东西不好好珍惜，而是在利益面前没有止境，那么其结果不会好到哪里去。一味去追求个人利益之所以后果可悲，是因为客观方面的荒漠不可逾越，自己却偏要拼命往里撞，朝里钻，其结局便可想而知了。这种失去理智的作为是快乐的生活离其越来越远乃至消失的一个主要原因。

当然，我们每个人都是有欲望的，与生俱来的七情六欲，总是与我们的生命如影随形，无法规避。求生欲、求知欲、表达欲、表现欲、舒适欲、情欲，这六种欲望会以各种形式出现在我们的生活当中。虽然欲望很多，但各种欲望我们不可能同时实现。就如同当你只有一百块钱，可你需要在买一件你喜欢的裙子还是与朋友看一场电影之间做出选择。裙子，会满足你的表现欲，而电影则会满足你的舒适欲，而我们只能选择其一。

在欲望实现的先后顺序中，女人们还需要学会一件事，那就是将那些不必要的欲望关在门外。将每一次有限的可以实现的欲望的名额，留给那些真正可以让我们变得更好的欲望。"我觉得自己很不幸福，因为我周围的女伴不是比我有钱，就是比我更开心。""我觉得我的丈夫太没有上进心了，每天只局限于把自己的工作做好，从来不去想要闯一番大事业。""为什么在任何时候我还是不能随心所欲地买我自己想要的东西？"很多女人经常这样抱怨，这样抱怨的女人其实都有一个共同点，那就是对生活的失望。而归根结底，她们失望的根源则是她们不断膨胀的欲望。

文萍最近和闺蜜抱怨，说她丈夫自从进了一个国企，在升到部门主管的职位以后，就安于现状，不思进取，还借口说是要把主管的职责做好。她还抱怨与婆婆的关系也变得越来越不好了。闺蜜对她的烦恼感到有些困惑。她说，做到部门主管的位置已经不错了，再往上升就是经理，肯定需要较长的一段时间，且这并非易事，做好目前的事情并没有什么不对。可文萍却认为丈夫本身就有胜任经理、总经理的能力，所以不应该在部门主管的位置上停留。而谈到对她婆婆的不满，文萍则说到，自从有了孩子以后，她们在教育孩子的问题上产生了很大分歧，晚上她想给三岁的儿子读故事，婆婆却坚持让孙子早点睡，理由是孩子太小，过早接受教育会使他失去很多快乐。闺蜜认为这是两代人不同的教育方式，谁都没有错，而且认为文萍根本没必要生气，既是婆婆，做媳妇的就应该对她尊重，没有哪个奶奶会害自己的孙子。即便有观点不一致的地方，也可以适当和婆婆沟通，无论如何也不应该让矛盾白热化。

最后闺蜜总结性地对文萍说："我觉得你烦恼最大的原因在于你太贪婪了，而且什么都希望能够达到最好。"文萍则认为自己并不是一个不知道满足和有虚荣心的人，对孩子的教育她也觉得没什么不对。闺蜜帮她分析说，其实贪婪也并不是说一定要在物质条件上达到某种程度，你的贪婪是在对地位、荣誉方面充满急切的渴望，当这种渴望得不到满足时，你就会不自觉地感到烦恼。你的丈夫并不是不进取，而是基于现实慢慢来。而婆婆与你对孩子的教导仅仅只是方式的不同，但都是对孩子好，如果你觉得你的教育方法更科学，完全可以采取和婆婆好好沟通的方式，把所谓的矛盾看淡，这些烦恼完全是可以避免的。听了闺蜜的劝导，文萍若有所思，在接下来的日子她也渐渐改变自己的心境，试着把一些事情看淡，慢慢地她觉得内心舒坦多了，而且家庭也变得更加温馨了。

我们每个人心中都有欲望，但欲望却是可以选择的，我们可以将一些不必要的欲望关在门外。我们处在一个时刻都在抉择的人生当中，身处其中我们要面临形形色色的选择，有选择就有放弃。于欲望而言，我们要学会适当地放下，有时候适当地放下是一种更好的获得。

女人要学会控制欲望，就要摒弃攀比心理。应该说每个人都有攀比心理，任何一个社会都存在攀比现象，只不过或多或少。攀比分为正性攀比和负性攀比。正性攀比指正面的积极的比较，是在理性意识驱使下的正当竞争，往往能够引发个体积极的竞争欲望，产生克服困难的动力。比如，好友这次考试冲进了班级前十名，你也不甘落后，开始更加努力地学习。再比如，到同事家做客，发现人家住着花园洋房，用着红木家具，窗明几净，于是回到家后，你也开始擦窗拖地换洗床品，把家收拾得干净整洁，从而心情大好。

负性攀比指那些消极的、伴随情绪性心理障碍的比较，会使个体陷入思维的死角，产生巨大的精神压力和极端的自我肯定或者否定。接上面那个例子，如果攀比的不是人家的整洁干净而是人家的豪宅和高档家具，那不仅没心情收拾自己的陋室，反而会烦恼气愤饱受嫉妒心的折磨。负性攀比最大的问题在于缺乏对自己和周围环境的理性分析，只是一味地沉溺于攀比中无法自拔，对人对己都很不利，严重者甚至会引起心理疾病。

攀比是摧毁幸福的重要因素。因为攀比是破坏关系，尤其是亲密关系和亲子关系的杀手。想想看，一个总是攀比别人的丈夫更会赚钱更会升职的女子，她带给丈夫的只能是挫败感和烦恼，焉能不破坏关系？一个总是攀比别人的孩子更优秀更听话的妈妈，很难赢得孩子的心，许多的亲子关系就是在父母的攀比中破坏掉的。攀比心，不仅让自己难有心灵的宁静和幸福，也让家人深受其害。

攀比在心理学上被界定为中性略偏阴性的心理特征，即个体发现自身与参照个体发生偏差时产生负面情绪的心理过程。通常指不顾自己的具体情况和条件，盲目与高标准相比。说到底，是虚荣心在作祟。大家都熟悉莫泊桑的短篇小说《项链》，女主人公就是爱慕虚荣爱攀比才借了朋友的珍珠项链，虽然她在舞会上出足了风头，却因为大意丢了项链而操劳了十几年。等终于还完债务后，她无意得知，那串借来的项链是假的。这篇小说今天读来似乎更有意义，项链是假的，舞会的风头是虚幻的，自己的虚荣心是真的，攀比心是真的，辛苦付出的十几年光阴和不快乐是真的，孰重孰轻，明白人应该懂得。

有的女人看到别人比自己有钱，比自己美丽，比自己优秀就会心里极其不舒服，甚至寝食难安。不想可能是自己努力不够，只一味地怨天，怨地，怨生不逢时，吵闹的自己难过，别人也不舒服。

王青在大学毕业后，顺利地考上了公务员，不久与在机关单位工作的同事结了婚。两个都是端铁饭碗的小夫妻，让人羡慕不已。

可是，一天逛街的时候，当王青看见大学同学谭维维时，她开始觉得不快乐了。在学校的时候，王青跟谭维维曾经关系不错，两人条件差不多，成绩也不相上下，但毕业后就渐渐失去了联系。

这次，她看到的谭维维今非昔比，她开着自己的宝马车，戴着一副墨镜，样子很优雅。本来自我感觉良好的王青，心里突然感觉酸酸的。

接下来，又一次无意中，她在购物中心碰到了谭维维，当时，谭维维正在试穿一件裘皮大衣。那件衣服典雅大方，无论是工艺、材质，都是王青喜欢的，但是价格却让王青只能望"衣"兴叹。"给我包起来吧，试过的衣服，我都要了！"王青进去跟她打招呼的时候，正碰上谭维维这样对店员说。王青被深深地打击到了。

随后，谭维维邀请她去家中做客，王青拒绝了。因为她总觉得自己在谭维维面前，有一种灰溜溜的感觉。

回家后，她越想越不是滋味。本来大家都在同一起跑线上的，现在却有着天壤之别，沮丧、烦恼、失落突然间占据了她的心。

接下来的日子里，王青的眼前总有谭维维的影子。她也不知道自己为什么突然对谭维维的隐私特别感兴趣。终于，她发现了一条令自己很得意的线索，谭维维以前被一个已婚的台湾商人包养，由于商人的妻子大打出手，她不得不和那个男人断绝联系。现在做生意的这些资本估计是那个时候的补偿费吧。

从此以后，只要见到大学的同学，王青都会很八卦地把自己对谭维维的分析讲给同学们听，甚至恶语中伤："她有什么可神气的，不就是把自己卖了，挣了点儿钱吗？"

一时间，关于谭维维的流言蜚语在同学们嘴里传开了。每当王青听到这些流言的时候，就感觉心里得到了些许的平衡。

或许你也有过这样的感觉，别人的成功和幸福，会让你突然感觉到很失落，尤其是这种春风得意发生在曾经不如你的人身上时。即使你表面上显得平静，但内心里还是会波涛汹涌，感觉有一种无形的东西被摧毁了。这种感觉就是悄悄在你内心滋生的妒忌。

在生活中，我们与别人总是有差别，有差别便自然会有比较，有比较就难免会有嫉妒之心。培根说："嫉妒永远不休假。"嫉妒是对比自己优越的人心怀憎恨的一种情绪。

古人说："心贼最为灾。"一个再优秀的人，如果染上"嫉妒"，那么他的所作所为就容易失去理智。而且嫉妒的心常会因时间、环境急剧膨胀，甚至爆炸。一个人如果无理智地总想去超越每一个人，结果往往会一发不可收拾，酿出本不该有的悲剧。

细细想来，嫉妒的结果能让我们得到什么？打击了那些比我们成功的人，能让我们获得成功吗？伤害了那些比我们幸福的人，能使我们获得幸福吗？当然不能。相反，最终我们会在一次次的嫉妒、一次次的不平衡中落得更加失败，更加不幸福的境地。

"我昨天听隔壁老王他媳妇说，老王又升职了。是吧？"妻子问丈夫。"嗯。"坐在沙发上看电视的丈夫回答得有气无力。"你怎么不跟我说呢？你俩还一个单位的呢！""别人的事我不关心。

再说，是他升职，又不关我的事，你叫我说什么呀？"丈夫的语气有些不太高兴。

"唉，这老王还真是有能力，连连升职，你说他有什么手段吧？""不知道。""他媳妇可真幸福，找个这么好的老公。""你说这话什么意思？跟我过就不幸福了是吧？你要觉得老王好，那你找人家去啊！"老公火了，走进卧室把门砰地一声关上。

妻子觉得莫名其妙，自己没说什么怎么就惹得老公发那么大脾气。被拿来比较，让自己显得相形见绌，是男人最讨厌遇到的事情。想一想，你在旁边大谈特谈别人的成功，丈夫心里什么滋味？也许你只是当作一个闲暇的谈资，但丈夫心里会觉得别扭：这么说什么意思？贬低我吗？暗示我很差劲吗？越想就会越生气。

既然说别人成功，只会让丈夫觉得自己不如人，脸上挂不住面子，还备受打击，女人又何必要开这个口呢？

有的女人喜欢这样说："你看你那副德行！就知道干点破家务活，看看人家隔壁的，一年几十万，人家老婆天天出去美容，我只能做黄脸婆，还不是因为你无能！"如果丈夫也能挣上个十几万，她又会说："你一天就知道工作，也不知道带我出去玩，人家谁谁的老公总是带她去旅游，你陪过我吗？"要是碰巧老公也陪过，她又会说："你怎么就知道看电视、上网，也不会帮我做点家务活，我整天下班回来还得做饭洗碗，你怎么这么不懂得体贴人啊。人家谁谁的老公又能干又勤快，哪像你！"

女人似乎永远都不知足，永远能在老公身上找出一大堆不如别人的地方。仿佛全天下所有的男人都好，就身边的这个最差劲。不要当着老公的面说别人的成功，不要老说别人的老公如何如何好，别数落他没出息。你越是打击他，他就会越没自信，负重前行只会步履更加缓慢。对大多数男人来说，赞赏和鼓励比刺激更能让他有奋斗的力量。

不要埋怨你的老公不是太阳，没有给你太多的温暖，要想想你是不是月亮，给了老公多少温柔；不要埋怨你的老公不是天上的星辰，不能挂在你骄傲的心头，要想想你是不是地上的露珠，有没有滋润老公自卑的心灵；不要埋怨你的老公不是雨后的彩虹，没有挂在你人生的旅程，要想想你有没有撑开幸福的雨伞和老公风雨同行。

一个聪明的女人绝对不会拿自己的老公跟别人比，如果真的不小心说到了别人，也会及时补充说："谁谁的老公能干是能干，可哪像你这么体贴啊，还是你最好，亲爱的！"这么一说，自然深得老公欢心。

也许现在你的老公还不是一棵参天大树，但他有一天会葱葱郁郁；也许现在你的老公还不是一座巍巍高山，但有一天他会让你看到最美的风景；也许现在你的老公还不是雄鹰，但他还在成长，总有一天会带你翱翔天际。

不要说谁的钱财比老公多，不要说谁的地位比老公高，不要说别人的职业比老公好，不要说别人的事业比老公做得大。要知道，所有的成功都是一个过程，你的他只是在积累的阶段，时间到了，自然就成功了。

女人，不管你的老公有多少缺点，不管他现在多么的默默无闻，你都不可以用攀比来压迫他，你的贬低并不能改变什么，但鼓励却能产生奇妙的作用。

欲望是刺激女人上升的动力，也会成为让女人堕落的魔鬼。我们需要一双慧眼，去辨识我们所面对的诱惑，因为这些欲望的得与失，都将会改变属于你自己的生活。

自省自净：修身从一日三省做起

仲夏的一天晚上，孔子与几名弟子在南门里练兵场上步行赏月。

孔子对弟子们说："我已69岁了，今后与你们一起走动的时间不多了。今晚，风凉月朗，我们随便走走谈谈。"

子柳问："老师，我是您的新弟子，个人修养远不及师兄们，我想在修养方面多努力。请老师谈一下'格言'、'座右铭'的确切含义。"

"'格言'是古有劝诫和教育意义的精练语言，'座右铭'则是写出来放在座位旁边的格言。一个君子应当有自己的座右铭，以之警戒、激励自己。"孔子说完，问曾参："你时常考虑什么？"

曾参说："学兄颜回德高学深，然而，他时常向不如自己的人请教美德，他真正做到了'以能同于不能，以多问于寡'。我时常考虑的是从多方面学习颜回的美德。"

"'以能问于不能，以多问于寡'，这句话自然是颜回的座右铭了。"孔子问曾参："你的座右铭是什么？"

曾参恭恭敬敬地说：'吾日三省吾身'，即我每天以三件事反省自己：第一，检点自己帮别人办事是否尽心尽力；第二，检点自己和朋友交往是否讲诚信；第三，检点自己是否认真复习了老师传授的学业。"

孔子满意地说："你这三点做得很好，要想做一个真正的君子，必须做到'吾日三省吾身'！"

　　曾子是孔子的高材生，名参，字子舆，南武城（今山东费县东南）人。曾子在当时孔子的学生中属于比较拙一点的学生，其实并不是笨，只是人比较老实，不太爱说话，后来嫡传孔门道统。现在一般人除拿《论语》代表孔子思想外，也把《大学》、《中庸》看作孔子思想。其实，《大学》是曾子作的，原来是《礼记》里的一篇，后来到唐宋的时候，才把它分出来，变成了四书之一。

　　儒家十分重视个人的道德修养，以求塑造成理想人格。曾子所讲的自省，则是自我修养的基本方法。曾参在这里提出了"反省内求"的修养办法，不断检查自己的言行，使自己修善成完美的理想人格。《论语》书中多次谈到自省的问题，要求孔门弟子自觉地反省自己，进行自我批评，加强个人思想修养和道德修养，改正个人言行举止上的各种错误。

　　明代有个叫高汝白的人，他中了进士以后，培养他的叔父写信督促他说："你尽管考中了进士，我并不为此高兴，反而因此担忧。此后你可能会逐渐放松对自己的要求，所以我希望你每天将自己的行为举止用笔记在本子上，然后寄给我。"高汝白叹息着给叔父回信说："我一直在你老身边长大，难道还不了解我，而担心我会放纵自己？"过后他试着问了一个伴随在他身边的老家人，自己有没有改变。老家人说："比起往日是逐渐有所不同。"

他这才开始警觉起来，于是，用一个本子把自己每天的言行记录下来，进行检查，发现自己的缺点多得写不完。他很害怕，从此激励自己努力学习，修养品德，逐渐地改掉自己的缺点，后来他终于成为一个品行高尚的人，官至提学。

清朝有一位叫徐文靖的人，也是用类似的方法督促自己每天朝好的方面努力。徐文靖仿效古人用了两个瓶子，分别用来放置黄豆和黑豆。每当做了一件好事时，他便念道："说了一句好话，做了一件好事。"于是投进一粒黄豆。要是办坏了一件事，便投进一粒黑豆。开始是黄豆少，黑豆多，渐渐地日积月累，豆子已黄黑各半，久而久之，黄的就多于黑的了。用这种方法来约束自己，自觉地达到仁的标准，也是一种一步一个脚印、步步有检查的方法，他们持之以恒地照这样做，也是能收到预期效果的。

这种自省的道德修养方式在今天仍有值得借鉴的地方，因为它特别强调进行修养的自觉性。

生活中，没有人敢说自己永远是对的，没有人敢说自己从不会走弯路。每个人都会犯错或是有自己的不足之处。一个懂得反省自己的人是有自知之明的人，了解自身的错误，才能想办法去改正，去弥补。

一个盲目自大、自以为是的人就会很容易走冤枉路，因为他看不到自身的短处，不知道针对不足寻找正确的途径，所以到头来只能是瞎忙活。及时停下脚步，回过头来看看自己走过的脚印，养成随时反省自己的好习惯是非常必要的。

我们每个人都有或多或少、或大或小的缺点。有的人能够随时检查一下自己，在发现自己存在的不足之后敢于承认，并努力改正、加以完善，那么他身上的缺点就会越来越少，优点就会越来越多；而有的人为了顾全面子，明知是错误的，却还一味地坚持，生怕别人知道了会笑话他，往往一错再错。勇于面对自己的缺点，是我们改正缺点、提高自身能力、取得进步的关键所在。

做人要随时的反省自己，在找到自己的缺点之后，只有敢于承认，才会改正，才能更好地发挥自己的优势，发掘自己的潜能，才能做到扬长避短、弥补不足。

知耻而后勇。善于发现自己的缺点和错误，固然是一大进步，但改造自我才是终极目标。应该说，人有缺点是绝对的，而改正缺点是相对的，更是需要坚持不懈的。改正缺点，说一说不费力气，而实践起来却很难，关键在于自身能否严格自律。了解自己，正视自己，再加反省，人就可以得到改造和提高。须知，自己才是自己最大的敌人。生命在继续，改造在继续，要战胜自我，就要不断改造自我，不敢正视自己的缺点和错误，听之任之，势必自食其果，甚至自取灭亡。

曾看到过一则故事：智者让一个人站在镜子前，问他看到了什么，这人回答：看到了自己。智者再问他，还看到了什么？他说：什么也没有了呀。而智者却对那人说，除了你自己，还有镜子，正是因为镜子，你才能看到自己。人呢，要学会留一只眼睛自省。

　　由此联想到生活里的一些事情：看电视电影时，我们不自觉地把自己放在正面角色一边，也就是把自己归为好人一类。当看到别人做错了什么事，说错了什么话，也会大加评论。遇到某某人，就说某某人怎么样怎么样，但总是表扬的少，找毛病的时候多。可对自己呢？却经不住别人说自己的不是，纵使自己确实错了，也想用一些托辞为自己遮掩。所以，大多数人或者绝大多数人真做不到像智者那样，留一只眼睛自省。

　　说到此，社会要和谐，人类要发展，留一只眼睛自省是非常重要的了。因为只有留一只眼睛自省，才能在看到别人缺点的时候，也能用这只眼睛联想到自己是否有这样的缺点，然后，可以做到"有则改之，无则加勉。"

　　留一只眼睛自省，你就不会想尽办法为自己的过失而遮掩，也就会在这只眼睛的监督下不断地完善自我。

　　女人，不要把自己推向万劫不复的深渊才知道反省。适时停下脚步，回头看看自己走过的路，回头看看自己的脚印。

第三章 勤以治家：劳动本身就是一种修行

劳动不是别人强加给我们的，是生命的一种需要。我们劳动的过程，是修行的过程，也是不断自我完善的过程。如果人的一生还有点意义的话，其意义正是通过不断辛勤劳动赋予的。

莫学痴慵：勤劳的女人更有智慧

痴慵是指积懒成性，就变得愚痴了。勤劳的女人更有智慧，懒则会愈来愈笨，这一生不可能有所成就。

《女论语》里有这样一段话："营家之女，惟俭惟勤，勤则家起，懒则家倾。俭则家富，奢则家贫。凡为女子，不可因循。一生之计，惟在于勤。一年之计，惟在于春。"下面还具体地说到要怎么样勤：扫地要勤，洒水要勤，除尘要勤，不能太邋遢，撮除垃圾要勤。门庭前面不许被玷污，耕田劳作要辛勤。炊羹造饭要殷勤。来了宾客接待要殷勤。

一个女人如果懒洋洋的，给人的感觉是特别松懈，不是欣欣向荣的状态，而是一种衰败、枯萎的状态。

在汉朝，有一位叫鲍宣的人，他娶了一位太太叫桓氏，字少君。鲍宣他本人家境比较贫寒，这个太太则出身于富贵之家，出嫁的时候，她父亲备了很多嫁妆，希望以此来周济一下男方的家庭。结果鲍宣就不太高兴，他对自己的太太说："你生于富贵之家，是一位千金小姐，你习惯穿豪华的衣服，过着奢侈的生活，我家是贫贱的，我不敢当，不想接受你这么多嫁妆。"结果他这位妻子说："这是我父亲因为敬重夫君您的德行，所以让我带这么多嫁妆来，既然是父命我们就依从，您就不用担心。虽然我出生富家，但是我到了您家后，我就跟您一样过清贫的生活，而且我会担负起应该担负的这些工作，承侍夫君，承侍公婆。"鲍宣听了之后也就很满意。结果少君到了她夫君家，果然立刻把自己身上华美的服饰全都卸下来，穿上粗布的短褐，开始到厨房干活，最后整个乡里都赞叹这一家的太太确实是很贤德。

从这个例子我们看到，一个人只要有志气，有志向，改变习气并不困难。要知道像少君这样的富家女子到了贫穷人家能够放下原来那套习气，整个变了一个人一样，这是不容易的。就不要说女人了，做男子的，你想想，如果已经习惯于富裕的、安逸的生活，一下子把你放在一个艰苦的环境里去磨炼，那我们也未必能够承受得了。

在现代社会，一个女人是否勤劳，主要体现在工作中。

事实上，大多数女性在选择工作的时候是按照工作的压力进行选择，首先会选择工作压力相对较小的，最后才会选择工作压力大的。她们宁可找一个压力小的、稳定的、清闲的工作，即使赚钱少，升职机会小，发展难也心甘情愿，因为她们大都缺乏事业心，也不向往自我提升。那些25岁上下、形象可人，但是天真烂漫、养尊处优的女性，受到了太多的关爱，有着大把的时间来休闲和娱乐，但是未来却会在慵懒中度过。她们可能从未想过自己未来生活的保险系数是多少，很有可能在不久的未来，她们就会遭遇生命中的很多麻烦。毫不夸张地说，甚至是悲惨的后半生。因为，最美好、最该吃苦奋斗的年纪，她们选择了轻松安逸的生活，在最该努力学习的时候选择了为爱情付出，她们想得很简单，到了合适的年龄，就把自己嫁出去，过家庭生活。而这之前的时间，就是用来交友、消费和享受的。

很多女孩会说自己从小就过惯了安逸的生活，实在是吃不了苦，那么什么样的工作是吃苦？所谓"吃得苦中苦，方为人上人"，如果连坐在办公室里做些力所能及的工作都觉得苦，那么还能有什么大的作为？

所以说，如果没有一定的事业心，是很难做个成功女性的。难道你想一直寄人篱下，各种消费都向别人伸手么？难道你想永远对着电脑打打字，做不能有任何发展的小职员吗？等到结婚的年龄时，把自己嫁给一个有点"钱"途的男人。有没有想过，这个时候，你没有事业，没有能力，甚至可能没有工作，那么这个男人看重的是你的什么？只是年轻的容貌，姣好的身材，而在以后的生活中，你与爱人的交流仅能是你新买的衣服和家中的琐事。

欢欢是个非常时尚的女性，上学的时候就有诸多追求者紧跟其后，毕业以后更是不乏追求者，刚开始，欢欢做的是一些简单的文职或前台的工作，每天的工作内容大多是与同事聊天，八卦别人，或是讲美容心得。晚上常常在KTV、酒吧自在逍遥。她觉得年轻就应该好好利用时间好好享受生活。25岁的时候，经朋友介绍嫁给了一家公司的销售经理，欢欢于是放弃了工作做起了全职太太。开始时丈夫还对她百般疼爱，可是渐渐地，欢欢发现老公对自己越来越冷淡，自己更是没有话题跟老公交流，能说的也只是又买了新衣服，家里的燃气该缴费了，诸如此类。时间长了，欢欢觉得很悲哀，自己每天行尸走肉般的生活让老公远离了自己，也失去了自我。

曾经有一个这样的美女老总，虽然她一直是"总"来着，但这"总"的级别却在一年内越了两三级，如今更是名副其实的美女老总了。其实，她这连升三级可能并不让人惊叹，她工作十分勤奋，如今算是人尽其才了。让人惊叹的是，她的形象也随着事业的进步而连连越级，如今她给人的感觉是，修饰得体、气质优雅、婉约扑面，和以往的形象有了很大区别。

由此可想，一个女人，仅仅被爱情滋润，可能只会变得心态平和，但被事业滋润的女人，往往就会变得智慧而优雅。她是否被爱情滋润，不得而知，但她一定是一个在事业中被不断出现的成就感滋养的女人。

平常她工作繁忙，公司委予信任，往往担当重任。她给人的感觉是，工作中十分勤奋和投入，而她的态度又十分亲切，总让人感觉到融融暖意，就像邻家的姐姐一般，从无居高临下之势。她知识的储备已丰富了她的内涵，并使她恰当的自信，而内在的修养在不经意间焕发出时，也恰到好处地烘托了她外在的形象。当然不能否认，她越来越会打扮自己了，她知道如何把自己身上的美展现给众人。

所以，在一定的条件下，勤奋和优雅当是一对孪生姐妹。勤奋的女人，因知识的丰富而自信，从而谈吐和举止优雅，而这些又会促进工作的进步，工作中的成就感则会使她更加自信，循环往复，也就成就了一个智慧型的女人。

由此我们可以得出，只有勤奋，才是我们最靠得住的伙伴；只有勤奋，才能为我们指明前进的方向，助我们直达成功的圣地。而抛弃了勤奋，再聪明的人总会败下阵来。

世界上留存下来的辉煌业绩和杰出成就无一例外都得自于勤勉的工作，不管是文学作品还是艺术作品，不管是诗人还是艺术家。鲁迅说得很清楚："其实即使天才，在生下来的时候第一声啼哭，也和平常的儿童一样，绝不会就是一首好诗。""哪里有天才，我是把别人喝咖啡的工夫用在工作上。"

"梅花香自苦寒来，宝剑锋从磨砺出。"勤奋，能让丑小鸭变白天鹅，能使智力平平的女人走向成功卓越！勤奋，为我们构建了起飞的平台，助我们展翅遨游，创造出自己的美好明天。勤奋，是一种美德，是一种成功者必备的素质。

一个成功女人的背后绝对离不开"勤奋"二字，无论她有多么好的资质。对知识必须踏实，好高骛远要不得，好吃懒做更要不得。只要我们不懈耕耘，成功的阳光一定不会错过你的枝头。上帝是公平的，因为天道酬勤。只要我们的心灵没有荒芜，那片土地就一定有再绿的时候，只要我们手上还握着桨，我们就一定能够到达成功的彼岸。

中国实力派歌手韩红最初是作为文艺兵被特招到部队的。谁知在电话机前一坐就是十好几年。因为从小一直顺口唱歌唱习惯了，刚入伍那几年，工作之余总情不自禁地哼唱出声。可是，别人并不理解她：想唱歌到歌舞团唱去！通信女兵们耳朵累了半天，实在太需要休息。楼下就是欢声鼎沸的卡拉OK厅，各种腔调顺着楼梯蜿蜒爬上四层，军纪严明的女兵们并不能够涉足那里。在愤恨与无奈中，韩红开始读书、写诗、写小说、写剧本，最长的一个剧本指向明确，名字就叫《闹市区居住的女兵们》。

在无数近似机械的日子里，她一样没有荒废。没有钱买原音带，她就买空白带请别人给翻录。等把毛阿敏、苏芮的歌听得差不多了，她就把自己每月几块钱的津贴省下来，买了吉他与教材，三下两下她就能自如地弹拨出和谐的音符。偶然有幸摸到钢琴，1、2、3、3、2、1地来回几次，她便在钢琴上奏出了流畅的曲子。在音乐方面，她的确有着过人的天赋。但歌舞团仍然不要她，她只好选择去歌厅唱。大奖赛也总拒绝她进入最后的决赛，一次二次三次。每每大哭之后，她都会认真在镜子里瞧瞧自己，但她无论如何看不出哪里有什么缺陷（除了胖点儿）。痛定思痛，她知道必须调整作战方针。她不再一根筋非要去考这个，赛那个，她开始不停地写啊写啊，把经历与挫折、失望与希望，统统都写进去，写成词，变成歌……

一年有365天，在如此这般地走过了10个365天之后。有一天，央视半边天节目女主持人张越，坐进了歌厅。不经意地听着歌手们的演唱，突然觉得被拨动了某根神经，女主持抬头认真打量起了台上的歌者，这才看清了非常有实力的韩红，她正忘情于她的《雪域光芒》。"跑啊——挣脱你的绳索／找回渴望已久的自由／啊——"歌厅里竟有如此美妙的歌喉？见多识广的张越一时被震了。也许还夹杂着点惺惺相惜，张越当即拍板做了决定。很快，韩红头一次作为嘉宾，与张越面对面，庄严的坐进了中央电视台的录播间。这是1998年发生的事。

若论学历，韩红还上初二时就被挑选入伍。但有谁规定过只有课堂才是汲取知识的惟一场所？没有课堂，她就勤奋地自学。几年的功夫，她先考上中央音乐学院，隔几年她又考入了解放军艺术学院。

走过了那些总是碰壁的日子，韩红迎来了扬眉吐气的生活。从1998年她的第一个专辑投入市场之后不到两年时间里，她就与毛阿敏、那英等歌坛巨头齐名，成为中国人气最高的实力派女歌手。但你在她身上，见不到任何张狂的痕迹。她有个很好的解释："人生如登山，而我只不过刚刚登到五分之一处，接下来仍需要努力、努力、再努力！"

韩红的成功经历告诉我们：不管你是不是天才，不管你有没有天赋，勤奋都是成功不可或缺的重要因素。只有勤奋，才是我们最靠得住的伙伴。

一个懒惰的女人，就好比鸟儿折断了翅膀，只能在地下前行，永远无法居高远望，看到前面更美丽的风景。

传承国学经典文化

重塑现代女性形象

修身心　养贤德

正家风　和天下

以俭为美：俭以益勤之有余

在《女范捷录》中，有这样一段话来形容女人的勤俭："勤者，女之职。俭者，富之基。勤而不俭，枉劳其身。俭而不勤，甘受其苦。俭以益勤之有余，勤以补俭之不足。若夫贵而能勤，则身劳而教以成。富而能俭，则守约而家日兴。"

前面我们已经讲过了勤，现在重点来说一下俭。"俭"是什么意思？节省，不浪费；还有一个说法，欠收；俭做形容词是约、俭约的意思。"以俭为美"，俭是生活的一个标准。我们都听过俭以养德，其实"俭"本身就是一种德行，《礼记》上也说"恭俭而好礼者，宜歌《小雅》"，是说态度恭敬，对自己的用度要求特别少。俭而约的人，一般来讲，会比较朴实、俭省。

"勤者，女之职"，"职"就是职份、职责的意思。"俭者，富之基"，我们听过"大富由勤，小富由俭"，说的就是勤俭。

"俭以益勤之有余"，俭朴、俭省、节约的人，会把日子过得越来越富裕。一不留神，我们发现这个月又省出来、节约出来一点，攒的越来越有余地。"勤以补俭之不足"，原来日子是很苦，勤奋一点点，慢慢就可以补了原来俭朴生活的不足，日子越过越富裕了。后面这句话"若夫贵而能勤"，假如你富贵还能勤，"则身劳而教以成"，就可以教化到身边的人了；"富而能俭，则守约而家日兴"，假如富贵且守勤守俭，则家业还能够成就。

做女人的如果不勤，我们生活的来源，或者说我们赖以生存的职业都败废、懈怠了。假如不俭朴，资财都会慢慢地耗散掉。所以说"勤者是女之职，俭者是富之基"。也就是说，勤是女子的本分，俭是女子经营家道使之富裕的根，这两句话是至理名言。勤俭两字，是相辅而行，不可偏废的。

我们更要明白，勤力之人是劳苦的，假如没有俭的行为和德行，必然会亏空自己的钱财物用，这是劳而无补的。假如一个女人，她淡薄自甘，抱残守缺，过这样穷的日子，不肯勤劳，就不能算是俭朴。真有这样的人很穷又很懒，她什么也不舍得，自己过的日子也很苦。有的人还强辩，说这是甘于贫贱。其实不是这样的，真正甘于贫贱的人是心中有道，她自己会有一段风骨在。而那些懒惰、平庸的人，可能她自己觉得是淡薄而甘于这种贫困，其实他们是慵慵懒懒的什么都不干，她们的一行一动，给人的感觉是没有正气的，所以不是真正的俭朴。在这种状态下，不努力做事补贴家用，其实是自甘其苦。

所以俭是益勤之有余，而勤是补俭的不足，这两样是缺一不可。假如一个人已经富贵，还勤劳俭朴不懈怠，那么她不仅让自己的家庭富裕，更能够以此勤俭的德行，教化到身边的人。

我们都知道，勤俭节约是一种美德，是我们中华民族的优良传统。小到一个人、一个家庭，大到一个国家，要生存和发展，都离不开勤俭节约，一个女人，更应该知道它的重要性。如果没有节俭的美德，兴攀比之风，势必理家家穷。

作为一个现代女人，如能做到勤俭节约，肯定能赢得人们的尊重和幸福的家庭。

作为一个当家的女人，勤俭持家才称职！勤俭持家，进一步讲，就是让家更幸福。

在朋友圈里，小杨是众多男人羡慕的对象，因为他有一个勤俭持家的妻子。

到过小杨家的朋友都知道，他家里一向布置得井然有序，用同事的话说就是："什么东西该放什么地方就在什么地方，一切都是那么井井有条。"不仅如此，每个房间都是那么干净、整洁，好像刚刚收拾过一样。人们都说："要看一个女人是不是持家，看她家的厨房和卫生间就知道了。"在小杨家的厨房里，啥是啥地方，锅碗瓢勺，各就各位，而且件件洗刷干净，摆放整齐。卫生间里没有一点异味，干净得如客厅一样。而这一切，都是云溪的功劳。

记得他们刚结婚那段时间，小杨失业在家。云溪知道，不少家庭由于经济安排不当而引起夫妻反目，甚至家庭瓦解。她不希望家庭经济安排不得当而影响到家庭的稳定。因此，云溪每天会尽心处理好家务，帮丈夫想办法省一些家庭开支，尽量不增加他的负担。她穿的衣服破了，她会自己缝补，用她的话说就是："缝缝补补，艰苦朴素"。到菜市场买菜，云溪会选那些价格不贵又有营养价值的蔬菜。她不会自私地买昂贵的化妆品打扮自己，相反，她会用节俭下来的钱给小杨买件像样的服装，让他去求职时穿得更体面一些。

就算在平时，云溪也会尽量做到节俭。她会把淘米水和洗菜水倒进一个塑料桶里，以冲洗便池之用。云溪说："因为尚未有孩子，两人的负担相对较轻，只要懂得有效控制支出，用两人的薪水共同生活，完全能比较快速地累积财富。"婚前，上餐馆是两人的家常便饭。婚后，这一切能省则省，在家吃自办的烛光晚餐也不错。

小杨每天早上8点去上班，云溪总会早早地起床，赶在7点左右做好早餐。这样既能给丈夫留出足够的进早餐的时间，使丈夫吃一顿温饱可口的饭菜，又经济实惠。

云溪很会营造温馨的家庭氛围。她会在节假日花一整天时间布置房间，操持一桌可口的饭菜，满脸幸福地等老公回来。也会在老公生日那天给他打个电话，叮嘱他早点回家，在烛光摇曳的家中，她会把头轻轻地依偎在老公的怀里，任凭他一言不发地抚摸自己的长发。

有云溪这样的女主人，小杨倍感幸福，他觉得家中有了云溪，就有生机！

可见，幸福的家庭都需要一个勤俭持家的女主人。一个女人是什么样子，她所执掌的家就会是什么样子，这个家的生活就是什么样子。一位名人说过："男人之所以喜爱女人，主要是喜欢生活在她们身边的一种情趣。"大部分男人都会认为，住在整洁的家里，要比住在凌乱不堪的豪宅中要舒服得多。如果家中没有生活的味道，比如家里从来不按时吃饭，厨房、卫生间和卧室各个房间都乱七八糟，这样的生活常常会使老公有家不愿归。

一个真正勤俭持家的女人，在生活中知道什么钱不该花，什么钱该花。当家，就要对整个家庭负责任，不要只讲求自己怎么去花，怎么去把自己打扮得更好，一个女人，只有勤奋节俭、艰苦朴素，才会为家庭积累财富，只有这样才是一个女人的理家之道。

如果一个家庭中缺少一个勤俭持家的女主人，那么，再富有的家庭也不见得会有幸福可言。没有勤俭持家的女人，家中就会凌乱，就会没有温情，就可能入不敷出。如果这样，家庭生活也就难以维持和继续了，还有什么幸福可谈呢？

因此，为了家庭的幸福，为了自己的幸福，作为妻子的你，一定要做个勤俭持家的称职的女主人，要富有生活情趣，精心营造一个宽松、舒适的家，让老公感觉你们的家是世界上最舒服的地方。这样，他下班了就会想着回家，与你共进晚餐，享受家庭之乐。这是众多女人幸福的秘笈之一，也是你把老公留在家里、留在身边的最好办法。

女人特有的敏锐直觉、细腻的心理、量入为出的朴素理财观念，让她们在家庭中顺其自然地成为众望所归的女主人。

修持诚敬：做事用心，认真恭敬

我们先来听一个故事。

汉朝有一个人叫陆续，他的母亲治家有法，陆续后来做了官。因为当时有人谋反，结果牵连到他，就被关到了监狱里，在洛阳坐牢。陆续的母亲从家乡走到洛阳看望自己的儿子，但是狱卒不让他们母子见面。没办法，他母亲只好回到住的旅店，自己准备一些饭食，托人送给狱中的陆续。结果陆续一看到这个饭菜，立刻就悲痛得泪流不止。看管的人看到他这样悲伤，就问他："你为什么这么悲伤？这是谁给你送的饭菜？"陆续就说："这是我母亲做的饭菜，很可惜我这做儿子的不孝，现在深陷牢狱，累得母亲来看我，结果还不得相见，所以悲从中来。"看管的狱卒就问他："你怎么知道这饭菜是你母亲做的？"陆续就说："我看到这个饭菜，肉切得方方正正，葱都是以一寸为单位，切得一条条，非常的整齐，这就是我母亲一贯的作风。所以我一看到这个饭菜，就知道一定是出自于我母亲之手。"看管的人听到他这么一说也非常感动，后来去找做饭的人，看到果然是他母亲，于是吏卒们把陆续母子的这一段故事上书，报上去了。上面看到这种情形，也受了感动，所以不久就赦免了陆续，让他回家了。

陆续的母亲能够在不经意当中救了儿子，都是因为在日常生活当中做每一样事情，都怀着一颗恭敬的心，什么事都做得工工整整。人心正，她所做的事就正，不可能说心正做出的事会歪歪扭扭、不工整，做事谨慎也代表她的心思细腻，做事用心，不会马虎苟且。

一位功成名就的教授在回忆他看望自己的老师时说："有一次我到新加坡看望她老人家，老人家很高兴，在她的小客厅里面招待我们喝茶。我留意到一个细节，让我至今都不忘。是什么？喝茶时旁边放一个纸巾，纸巾拿起来擦了一下嘴之后，恭恭敬敬地把它叠好，放在旁边。就这样一个小动作，让我印象深刻，老人家对纸巾都是这样恭恭敬敬，就可想而知她那种心地，真是一切恭敬。我为什么对他这个动作这么有感触？因为我平时在这些细节上没有注意，纸巾用过之后，在过去可能都是把它一抓就扔到垃圾桶里去了，很自然，没想过纸巾用完了，把它叠好之后以后还可以再用。就这样一个小动作，一个人的修持、厚德，都在这细节上体现。所以，以后我也学着他，什么东西都要摆得整整齐齐，一切恭敬。"

《礼记》第一篇"曲礼曰：毋不敬"，诚敬的功夫，正是一个人学问、道德的体现。像陆续的母亲，就以这样的诚敬之心，没想到救了自己的儿子！所以大事的成功往往是在小节，一位女子的德行、操守并不是从她轰轰烈烈的行为里边去体现的，往往是在日常生活当中，一举一动才体现出她的品质。而我们对每一样事物，如做家务，哪怕倒杯茶、做个饭、擦个桌子、扫个地，都以认真恭敬的态度去做，其实也就是一种修行。

如果将这种认真恭敬的态度体现在工作中，就是我们常说的敬业。敬业者往往信念坚定，不随意摇摆，少为外界风浪所动，愿意为自己所钟情和信奉的事业献身，无怨无悔。有时，这意味着无人喝彩，坐冷板凳，甚至永远没有出头之日。如此，职业就成了一种事业、一种信仰、一种使命，是一个人生命的意义和存在的价值。

曾君现在是一个跨国企业的部门主管，说起她的第一份工作，她仍然津津乐道。她说那种状态就像在和工作谈恋爱，她能够每天很早就去公司报到，充满活力地开始一天的工作，她熟悉公司每个部门、每个员工的工作职责，并且能很快地找到问题的解决方法，她总是面带笑容，充满激情，每天上班就像开始了一天崭新的生活。公司的同事看到她那么卖力地工作，曾经开玩笑地问她是不是有很高的薪水？其实她当时的薪水并不高，只是内心对这份工作充满热爱，让她每天工作起来都很兴奋，即使加班、熬通宵也乐此不疲。

许多年过去了，她到了新的公司，升职加薪，更成熟地继续着自己职业生涯的发展，而这一切都归功于她的敬业精神，她对本职工作的热爱。

因为敬业，曾君成就了自己的事业。敬业者会忠于职守、尽职尽责、一丝不苟、善始善终。所以，职业女性，如果想要做好自己的工作，就先得热爱自己的工作，这样才愿意为事业献身投入，当这种喜好和痴迷逐渐形成习惯，表现在行动中，融入意识里，敬业便成了一种自然状态，无须刻意显露。

相反，那些不敬业的人往往什么工作也做不好。没有敬业精神，必然在工作中缺乏热情、不负责任、松懈怠惰、敷衍了事、怨天尤人、斤斤计较，这种人在事业上必然不会有什么大的成就。而当敬业成为一种习惯时，即使你的职业非常平凡，也同样可以赢得极高的赞誉。尊重自己的工作，对它投入足够多的热情，你会登上事业的巅峰。

硕士毕业后，小雪应聘到一家外企。她每天上班的工作就是：拆应聘信，翻译；翻译，拆应聘信。她的工作量大而枯燥，索然无味。可小雪不急不躁，一直耐心、仔细地工作。两年后，小雪被提升为人事部经理。升迁的理由是：一个名牌大学毕业的硕士生，每天千篇一律地拆信，不厌其烦地整理出有价值的信，推荐给上司，展示了她卓越的品质和良好的工作热情，因此深得上司欣赏。

总裁认为小雪能够尽职尽责，忠于职守，把自己工作岗位上的每一件事情都办得非常出色，是一名优秀的员工，而企业需要的就是这种放到哪里都能发光的人。所以，她理所应当是这一批应聘者当中的第一位升迁者。

一个人的工作态度潜藏着巨大的力量，凡是成功者对自己的工作必定都有着热爱、负责、勇于创新的态度。女性朋友们，如果你也拥有积极进取的工作态度，那么你的职场生涯定会变得熠熠生辉。

真正聪明的女人，会用自己的才华和魅力吸引别人，会用自己的能力和理想让别人认可，这样的女人，会更加得到男人的关爱和尊重，因为她们不但可以在男人疲惫的时候给他家的温暖，还能在事业上给予他很多建议和支持。

心灵手巧：心思细腻，注重细节

中国女性具有一个非常好的性格特质，那就是心思细腻，注重细节。在女人的生命里，细节有着非同寻常的意义。女人从一颦一笑、举手投足中来修饰自己才拥有了非凡魅力；女人精打细算，勤俭持家才获得了财务自由；女人在工作中细致耐心、注重细节才能获得职场的成功；女人细腻地感人所感，给予他人细致入微的关怀才拥有了众多的红颜、蓝颜当知己；女人用心细细打点家中的大事小事，照顾家里的老人小孩，家才成了最温暖的避风港……总之，女人的一生，无论是健康、美丽，还是社交、事业，又或者是爱情、家庭，都需要她们做好每一个细节。

《女论语》中曾说："纫麻缉苧，粗细不同。车机纺织，切勿匆匆。"

这里讲到的"纫麻缉苧"，纫和缉这两个字都是缝纫的意思，一针一针地来缝。古代没有机器，麻和苧都是一种植物，用来织布的。过去就是用丝线来把这些麻或者是苧缝连在一起，织布。麻和苧有"粗细不同"，粗细我们就要分开。"车机纺织"，这是讲到用纺车，古代的纺车全都是手动的，把纱线放在纺车上来纺，穿引到机上，然后织成布匹。纺织的时候最重要的就是要细致耐心，"切勿匆匆"，一匆忙纺织的疏密就不一样，它就不能够连贯，密度大小就不一样，织出来的布匹就不好。

当然，在现代社会，我们不必再使用纺车了，但是不管是在家务还是在工作中，都要发挥出自身细腻的性格特质。

人生由细节构成，事业由细节构筑，细节中往往包含着决定成败的因子。女人如果能养成处处认真、谨慎细心的工作习惯，那她也就握住了成功的脉搏。

Ａ小姐和Ｂ小姐都是某知名企业的公关员，因为最近老总有计划要裁员，Ａ小姐和Ｂ小姐都在工作上较起了劲。一段时间后，公司决定为一个即将启动的项目举办个剪彩仪式，一切工作就都交给Ａ小姐和Ｂ小姐负责，这也是对她们俩的一次变相的考验。剪彩仪式上，两人的表现都很精彩，不过最后老总还是在一个小细节上判定了两人的胜负。那天的仪式，原定由五位市里的领导剪彩。当五位领导被请上台后，老总发现台下还有一位相当级别的领导也来了，于是又把这位领导也请上台一同剪彩。Ａ小姐急得眼泪差点掉下来：这可要出洋相了！关键时刻，Ｂ小姐却从手袋里又拿出一把剪刀递上去。六位领导喜气洋洋地剪完了彩，皆大欢喜。三天后，人事部下了一个通知：Ａ小姐走人，Ｂ小姐升任公关经理。

Ａ小姐和Ｂ小姐的成败，就系在了一个小小的细节上。一个看似不起眼的细节，你把它处理好了，可能就会得到一份意外的惊喜。所以工作中，我们一定要注意培养细心谨慎的习惯，为未来的事业打基础。

米开朗奇罗是人类史上最杰出的艺术大师之一。但无论是雕刻还是绘画，他的速度都不是很快，因为他注重细节，对任何一处细小的线条、色调，他都要花费许多时间仔细琢磨、推敲、揣测，力求达到最好的效果。

一天，友人拜访米开朗奇罗，看见他正对着一个雕像发呆，似乎他自己也成了一座雕像。

"你的作品还没有完成吗？"朋友忍不住对米开朗奇罗说。

"没有，还剩下最后的修饰！"

过了一段日子，友人再度拜访，看见他仍在修饰那尊雕像。

友人似乎有点不耐烦了，他说："这么长时间了，看你的工作似乎没有什么进展，你每天都干什么了？"

米开朗奇罗回答："我一直在整修雕像，你不觉得它的眼睛更有神、肤色更亮丽、肌肉更有力了吗？"

友人说："这些都只是一些小细节啊！"

米开朗奇罗说："不错！但是这些细节处理得不妥当，雕像就难以达到完美。"

看上去微不足道的细节往往会影响一件事情的大局。我们没有任何理由拒绝关注细节，就如同一个女子不能容许脸上沾染一点墨迹一样。

很多人对细节视若无睹，并堂而皇之地美其名曰"不拘小节"；还有人把随便散漫偷偷改为"随和浪漫"。她们不关心办公桌上堆积如山的文件和资料，更不会想到报告中的标点符号是不是用对了……"这些都是小问题，没有什么大不了！"对细节无所谓的人总是这样想、这样做。

那些优秀的、成就非凡的女人，总是于细微之处用心，在细微之处着力。因为正是有这些毫不起眼的细节的完美，才保证了以后大事的成功。

一位在工作中十分注重细节的女工程师的座右铭是：即使一个细节没有做好，也不算完成任务。

有一次，这位工程师被派往一个与公司有合作关系的企业考察一个项目。为了能够将项目的全景拍下来，她不惜徒步走了两公里山路，爬到一座山的山顶上拍摄，连项目周围的风景都拍得很清楚。其实，她站在公司会议室的楼上完全可以拍到项目的情况。那家合作公司的领导问她为什么要这么做。

她说，回去后要向董事会汇报整个项目的详细情况，周围的风景也是项目的一个重要影响因素，所以要带回去给高层领导和设计师看。

这样一个尽心尽力、注重细节，把工作做到完美的员工一定是一个认真负责的员工，得到提升自然是指日可待的。

在日常工作中，人们总是习惯注意关注那些大的事情、大的问题，而经常忽略那些细小的问题。原因是认为它们太"小"，完全没有必要在这上面耗费太多的精力和时间。殊不知小问题容易出现大纰漏，疏忽一个不起眼的小细节极有可能会葬送一个大项目。因此，对小细节应引起足够的重视。

小田千惠是索尼公司销售部的一名普通接待员，她的工作职责就是为往来的客户订购飞机票、火车票。有一段时间，由于业务的需要，她时常会为美国一家大型企业的总裁订购往返于东京和大阪的车票。

后来，这位总裁发现了一个非常有趣的现象：他每次去大阪时，座位总是紧邻右边的窗口，返回东京时，又总是坐在靠左边窗口的位置上。这样每次在旅途中他一抬头就能看到美丽的富士山。

"不会总有这么好的运气吧？"这位总裁对此百思不得其解，随后便饶有兴趣地去问小田千惠。

"哦，是这样的，"小田千惠笑着解释说，"您乘车去大阪时，日本最著名的富士山在车的右边。据我的观察，外国人都很喜欢富士山的壮丽景色，而回来时富士山却在车的左侧，所以，每次我都特意为您预订可以一览富士山的位置。"

听完小田千惠的这番话，那位美国总裁内心深处产生了强烈的震撼，由衷地称赞道："谢谢，真是太谢谢你了，你真是一个很出色的雇员！"

小田千惠笑着回答说："谢谢您的夸奖，这完全是我职责范围内的工作。在我们公司，其他同事比我更加认真呢！"

美国客人在感动之余，对索尼的领导层不无感慨地说："就这样一件小事，贵公司的职员都做到这么认真，那么，毫无疑问，你们会对我们即将合作的庞大计划尽心竭力的，所以与你们合作，我一百个放心！"

令小田千惠没有想到的是，因为她的认真，这位美国总裁将贸易额从原来的 500 万美元一下子提高至 2000 万美元。

更令小田千惠惊喜的是，不久她就由一名普通的接待员提升至接待部的主管。

几乎所有的员工都胸怀大志、满腔抱负，但是"冰冻三尺，非一日之寒"，成功不是骤然而起的，而是由点点滴滴细微的工作凝聚而成的：从对客户拜访的每个微笑至换位思考为客户着想；从数据的周全准备至严密的逻辑思维分析；从各部门相互协调配合到各自岗位上的小事处理的完善。只有小事做好了，才有公司制度的健全与完善，才能在平凡的岗位上创造出最大价值。"以管窥豹，可见一斑"。我们往往可以从生活中的一些细枝末节的小事洞察秋毫，从而感悟到一个人、一个企业、一个国家乃至一个民族的内在精神。

一个注重细节的女人与一个毫无章法、大大咧咧的女人之间有着天壤之别。前者将工作做得尽善尽美，让他人称羡不已；后者漏洞百出，让他人摇头皱眉……

第四章 知礼识体：当知礼数，应识大体

彬彬有礼的女人能使自身的美焕发出一种特殊的力量，而这一切是雅致和谐和仁爱的总汇。

学礼之要：不学礼，无以立

《礼记》中说："不学礼，无以立"，立就是你在社会上能不能立足，你自己能不能立身。在中国的传统文化中，礼是非常重要的。

什么是礼？父慈子孝是礼，夫义妇德是礼，兄友弟恭是礼，朋友有信是礼，君仁臣忠也是礼。礼行于父子之间，母子之间，婆媳之间，岳父、岳母和孩子之间，才有长辈的慈和晚辈的孝；礼行于夫妇之间则琴瑟和鸣；礼行于兄弟、姐妹之间则长幼有序，长惠幼顺；礼行于君臣之间则君仁臣忠，君臣之间都有道义；礼行于朋友之间，则朋友之间有诚信有道义。

围绕着礼仪去做人、做事，就会非常有法度。《孝经》上说，"安上治民，莫善于礼"，要想让领导安心，老百姓也安定，没有比各守各的礼再好的办法了。假如没有礼来规范我们，就像一个十字路口没有红绿灯，大家的车一起开，全一百多迈，会出现什么样的情况？所以守礼是给自己守，人人都把守礼规范到自己的心境上来。

礼体现的核心就是敬，《孝经》上讲"礼者，敬而已矣"，礼就是敬人。敬人是一种精神，这个精神从古至今没有变。至于礼敬的方式，古今是有所不同的。

古代男女有别，男众由男众互相招待，女众的招待，女子当中自己进行，男女一般不混在一起。很多时候，由女性来进行外交联谊更有一种优势，易于家庭与家庭建立起朋友的关系。现在我们看到如果是家庭之间成为好朋友，男的跟男的出去外面打球，那女子与女子之间也有她们共同的方式，一起购物等等。所以"学礼"能够令女子帮助丈夫来进行社交，这也是对家庭的一种帮助。

《女论语》中关于古代女性的待客礼仪有非常详细的描述："女客相过，安排坐具，整顿衣裳，轻行缓步，敛手低声。请过庭户，问候通时，从头称叙，答问殷勤，轻言细语，备办茶汤，迎来递去。"

这是宋尚宫所讲的唐朝时候的礼，从这里面我们能够学它的精神。"女客相过，安排坐具"，因为男主外女主内，一家里面男子待客是在外厅，女子待客是在内室，这个都是古代的礼数。"安排坐具"就是客人来了，马上请人坐，倒茶，这是基本的。"整顿衣裳，轻行缓步"，安排坐具、茶具都要事先准备好，等客人来了自己要有很好的仪容，"整顿衣裳"就是整肃自己的仪容，自己的衣服要正，要得体，行动"轻行缓步"这是稳重、安详，显得有教养。"敛手低声"就是不要太喧哗。现在有一些人见了面，特别是西方人热情奔放，跟东方人不一样，见了面后大笑一声，然后就互相拥抱，东方人就比较的含蓄，他不会这样热情高涨，各有特点。这里讲中国人以安详稳重为美，对客人也是热情，和颜悦色，但是一点没有造作。

"请过庭户"我们可以想象出来，把客人请到自己的内院，开始招待，过庭户就从外院进入到内院，在内室里招待。"问候通时"，这是说见面都要问寒问暖，互相讲一讲上次我们什么时候见的面，您别来无恙？叙叙旧，这是联谊，感情能增进。"从头称叙"这就是讲到要叙叙旧。"答问殷勤，轻言细语"，这一答一问，客人有问我们必定就有答，言语之间显出一种热情。客人来造访，那我们不能够不热情，不热情是无礼，他们有问的我们必须有应对，不要给人一种冷漠的感觉。因为是女士，讲话要"轻声细语"，不要声音特别大，像男人一样，这个就有失女子的风范。"备办茶汤，迎来递去"，就是招待客人饮食、倒茶、汤水那都是尽自己的能力，用最好的：上等的食品来招待客人，这是对客人的尊重。宁愿自己吃差一点，客人来了我们拿出最好的东西来招待，这是恭敬。礼仪当中我们都看出礼的精神体现一个敬字。敬的反面那就是慢，慢待客人，那就失礼了。

当然，在现代社会，我们不一定要完全按照上面说的去做，但我们要懂得古礼的精神，抓住要领运用于现在，用现在人接受的礼仪方式来进行交际。

对一个女人来说，礼仪是她的思想道德水平、文化修养、交际能力的外在表现。从交际的角度看，礼仪是人际交往中的一种艺术。在交往中懂礼仪，有礼貌，知礼节，会令对方感到一种被尊重感，取得一种心理愉悦，自然能够为打造良好的人际关系铺平道路；从传播的角度来看，礼仪是一种在人际交往中进行相互沟通的技巧。礼仪的表示就像一座桥梁或一条纽带，使彼此间的陌生感和距离感瞬间消失，在这里，礼仪就起到了沟通的作用；从审美的角度来看，礼仪是一种形式美，它是人的心灵美的必然的外化。

礼仪包括很多方面。从内容上看有仪容、举止、表情、服饰、谈吐、待人接物等；从对象上看有个人礼仪、公共场所礼仪、待客与做客礼仪、餐桌礼仪、馈赠礼仪、文明交往礼仪等。女人需要针对自己不足的地方加强修炼，做个知礼懂礼的人。

礼仪是女人应该随身带着的装饰，不要以为不是重要场合就可以疏忽。日常生活中必要的礼仪一样不可少，如仪表整洁大方，待人有礼貌，谈吐文雅，举止端庄，尊重他人等。总之，只有仪表举止合乎文明礼仪，才能让你魅力无限。

作为一个有理想、有追求的女性，注重礼仪的自我修养，注重仪表形象，养成文明习惯，掌握交往礼仪，融洽人际关系，这是每一个女人人生旅途中的必修课程。即在学习礼仪、运用礼仪中展现出一个女人的教养，并在社会交往中，有所为，有所不为，自觉地运用礼仪规范，尊重别人和其他民族所展现的教养，方算知书达理，方称得上是一个有教养的女人。

古语说得好："文质彬彬，然后君子。"有些女人不太善言辞，也没有什么渊博的知识，却能赢得别人的尊重，这到底是为什么呢？原来这样的女人特别懂礼仪，在人际交往中经常以礼待人，因此别人对她深有好感。

有人觉得礼节太多显得虚伪，但是当别人对你以礼相待时，你会感觉自己很受重视，你们的关系十分美好。因此，以礼待人其实很重要。孔子说过："不当礼，何以立"，这里的礼不但包括礼貌，还包括仪态、行为、举止，如果一个女人举止彬彬，很有修养，待人客气有加，有谁不喜欢她呢？

羽西是一个时代感极强、极富有代表性的魅力女人，接受过正规的东西方文化教育和熏陶，不仅仅"用一只口红改变了中国女人的形象"，还是在中国特定历史年代启蒙中国女性礼仪魅力的一面镜子。她强调一个人的魅力重要的是来自人格的魅力，要首先学会尊重他人，学会遵守礼貌礼仪的原则和规范。

的确，礼仪是社交生活的通行证。我们不得不承认，在礼貌、礼仪的教养方面，中国女人是欠缺的，不过现在这方面的书籍已经多了起来，有意识的你完全可以学习然后实践。下面是一些基本的社交礼仪，对你来说是很有必要了解和学习的。

1. 介绍。介绍的顺序应该是先将年幼人士介绍给年长的人士；将晚辈先介绍给长辈；将男士介绍给女士，以表示身份和性别上的尊重。

2. 握手。握手应用右手，身体微微地前倾以示尊重，双方距离1米为宜，用力适度以示诚恳热情，过轻过重都是失礼的行为。

握手时要热情，面露笑容，注意对方眼睛，并亲切致意，切不可漫不经心，东张西望。如果手上有手袋，应用左手拿住。

3. 交换名片。应站立、面带微笑、目视对方，用双手或右手将名片正面交与对方，接受他人名片后应道谢，并阅读名片，以示礼貌。

4. 交谈。交谈应注视对方面部，既不可死死盯住对方的眼睛，也不可草草应付不与对方眼神交流。交谈者的距离应在 2 米以内，2 米以内是较为紧凑和谐的私人空间；2 米以外容易分散注意力，影响良好的沟通氛围。交谈时不应随意打断对方谈话。

5. 电话。电话是看不见的人际交往方式，语言是唯一的魅力，通常电话应在第二声铃响之后迅速接听，如铃响超过了四声，应主动向对方表示歉意。在西方有一个不成文的规定，电话应避开清晨、晚间十点左右以及吃饭的时间，接电话时应避免与他人谈笑或吃东西、处理其他事情等等，除非不得已，同时应向对方作说明。

6. 拜访。务必要避免没有预约的拜访，并应尽量避免在吃饭或休息时间因故失约，务必要提前通知对方。居家私人拜访，特别是应邀就餐时应该携带花卉、酒等特色小礼品。

在别人家中，未经邀请，不能参观住房，即使较为熟悉的，也不要任意抚摸和玩弄主人桌上的东西，不要触动室内的书籍、花草及其他陈设物品。

7. 接待。客人初次拜访通常都有拘谨和生疏感，务必要将客人一一介绍给在场的相关人士，并应主动介绍客人可能会需要的设施，如洗手间等。待客时不要经常看手表，会给客人造成急于送客的错觉。

8. 乘车。乘车姿态富有很强的动感，最能表现女性优雅的风度，也最容易暴露问题，坐车的时候不能撅着臀部爬进去，而是让臀部先坐在位置上，再将双腿一起收进车里，并保持合拢的姿势。司机斜后方的位置是最尊贵的，司机旁的位子通常是下属或工作人员的。有一种情况应注意，当你的丈夫开车时，你务必应该与他同坐前排。乘车后你要打理座椅，带走乘车时用过的废品。

9．修饰：头发经常清洗、梳理、修剪，保持卫生、美观；略施淡妆，显示出清雅、愉快、自信的神态；服装得体、大方，不要穿过分"薄、透、露"的服装，颜色也要注意和谐淡雅；注意口腔卫生，经常洗澡、剪指甲。

讲究礼仪的女人都会显示出与众不同的风采，会得到他人的尊重。即使你的外貌不是最吸引人的，而你的绰约的风姿、时尚的发型、得体的服饰、优雅的举止、不俗的言谈也会让人着迷。

懂礼仪的女人举止谈吐、举手投足之间都那么含蓄、深沉、温柔、善良，给人一种亲切、怡人的愉悦和韵味，不但自己对生活充满热情，而且还唤起别人对她的关注。

礼敬为先：礼的精神体现一个敬字

前面我们已经介绍过，礼的精神体现了一个敬字，这个敬就是恭敬、尊重的意思。

《女论语》中说："莫学他人，抬身不顾，接见依稀，有相欺侮。""莫学他人"，他人是无礼之人，傲慢无礼，客人来了"抬身不顾"，都不起身去迎接，这是很没有礼貌的，即使是晚辈来到你家都应该起身相迎。如果年纪大可以不用出外庭去迎接，至少在人进来的时候，站起来做一个迎接的姿态，总是对人有一种敬意。"接见依稀"是礼貌不周，失礼了，怠慢了。"有相欺侮"这是对宾客的欺侮，可能因为宾客无知，可能因为宾客的身份比较低贱，或家境比较贫寒，有种种的原因，你去欺侮他，这都是不对的。要知道对人不能爱敬，就是对自己不能爱敬，对人欺侮就是对自己的欺侮，只有自爱自重的人，他才能够爱敬别人，尊重别人。

很小的时候，父母就教导我们要懂礼貌，老师也教育我们要做个讲文明、懂礼貌的好孩子，见到认识的人要打招呼，跟人说话要用礼貌用语，要尊重别人，而不要伤害别人等。可是，当我们进入社会之后，很多人便在私利的面前失去了做人的准则，而对于礼貌这样的事情，更是视为小事，甚至完全不在意。殊不知，懂礼貌的女人给人的第一印象更趋于完美，而懂礼貌的女人在日常交际中更会散发出迷人的魅力。

　　讲礼貌是女人最基本的修养，不管与谁相处，都不应该忽略了礼貌。中华民族历来有尊老爱幼的传统美德，我们更应尊敬长辈，对待长辈要有礼貌，而对待同学、朋友也一样需要有礼貌，虽然平辈人之间可以更随意一些，但是随意也要有个度，要在尊重别人的基础之上。当然，在公司，我们对待领导要有礼貌，对待同事也要有礼貌，否则，只会被人视为势利与缺乏教养。一个有礼貌的女人，不管对方是富贵还是贫贱，都会以讲礼貌为基本的交往原则，这样才更能够获得对方的尊重。

　　董玉深深懂得礼貌的重要性，也知道礼貌的行为将会为自己的职业生涯添上浓重的一笔，然而，她的认识还不够全面，因为她那所谓的礼貌，只限于对比自己地位高、权位重的人。当地位不如她的人有求于她的时候，她总是百般推辞，哪怕只是举手之劳。

　　一天，董玉出去送一份材料，在楼下遇到一位五十岁上下的老人，老人上前问道："姑娘。请问1127室在哪里啊？"

　　董玉所在的单位就在1127室，她上下扫了老人一眼，从老人的神态和穿着上判断他一定不会有什么来头，心想，也许是来公司应聘保洁的，于是对他说："门上写着呢，你自己找吧，我正忙着呢。"说罢自己就转身而去了。然而，当董玉回到公司，并且去告诉领导材料已经送到的时候，却发现那个老人在经理的办公室里，而经理正满脸笑容地为他端茶递水。听了经理的介绍，董玉这才知道，原来这位老人是经理的父亲。

当老人向董玉问路的时候，哪怕她简单地指一指方向也可以，可是，她却觉得自己即使做了也是无用功。董玉对什么事情都抱着极大的功利心，而从讲礼貌的方面来讲，董玉这样做更是有失风范。

因为这件小事，董玉在领导心中的地位已经打了折扣，而她平日奉承领导，对同事却非常淡漠，大家早已对她心怀芥蒂。渐渐地，同事们都开始刻意回避她。当孤芳已经难以自赏的时候，董玉终于明白，大家同处于一个集体中，彼此尊重才能获得别人的认可，获得别人的信任，与人和平且礼貌地共事才能更加和谐，而从前，自己缺少的就是与人协作的精神。

于是，董玉渐渐地改变了自己先前的观念。将自己融入这个大家庭中。她以严格的道德标准要求自己，对大家都和气而礼貌，慢慢地，大家也忘记了她从前的态度，开始接受她甚至喜欢她了。

礼貌是一件非常细小的事情，小到可以被人忽略，然而，忽略了礼貌这个与人相处的重要一环，事情可能不会如想象中的顺利。比如，向别人问路的时候，起码要客气一点，要用礼貌用语，要是一上来就理直气壮地问去什么地方怎么走，恐怕对方即使知道也不愿意回答。讲礼貌是一种好习惯，而这种习惯就要在日常生活中养成。礼貌并不只是对于比自己年长的、比自己权位高的人适用，对身边的任何人，我们都要保持起码的尊重。从点滴做起，习惯才能成自然，那么，做一个有修养的女人又有何难？

　　没有人会欣赏一个四处撒泼、蛮不讲理的女人，蛮横的性格简直是女人形象的杀手。大多数时候我们都在讨论，一个人讲礼貌是对他人的尊重，其实不仅如此，礼貌的修养同样是对女人自我形象的一个塑造。形象，不是一种简单的外在，而是一个女人内在修养的外在自然流露。良好的修养与礼貌的行为是一个人立足于社会的基础。追求成功的女人一定也都明白，成功的过程不是自己一个人参与的，而需要经过一个过程，在整个过程中需要大家的合作、互助。倘若这个女人没有礼貌，就算有再强的能力和才学，也难免会让你的合作伙伴有所顾忌。所以，礼貌的举止并不只是简单地为了应付他人而被动选择的，而是尊重他人的外在表现，是一堂提高道德品行、内在修养的必修课。

知道尊重别人的女人温文尔雅，而不是山神恶煞；待人平和，而不是性格尖锐，即使她们不去刻意展示自己，她们也一样会像珍珠一般闪耀光辉。

言为心声：言谈举止要懂分寸

在班昭所著的《女诫》中，对女性的言谈有这样的描述："择辞而说，不道恶语，时然后言，不厌于人，是谓妇言。"

"择辞而说"讲的是要选择说话的内容，选择好了再说话。"不道恶语"是说话一定不能说恶语。"时然后言"告诉你想好了再说，不要想什么就说什么。那说话最后的结果是什么呢？是"不厌于人"，也就是不让人生讨厌、厌烦的心。

儒家也说什么是"择辞而说"，怎么样择辞？首先选择之前，先明白一句话，要懂得先"缄口内修"，这是明代的仁孝皇后写的《内训·慎言章第三》里提到的。怎么能够"缄口内修"呢？"宁其心，定其志，和其气，守之以仁厚，持之以庄敬，质之以信义"，这就是"缄口内修"。否则不懂得选择言辞，选了半天觉得想的很好了，话一出来还让人生气，这就是不会选择言辞的表现。

择的含义是让我们要懂得先闭上嘴，懂得内修。内修之道，古人也讲得很清楚，"宁其心，定其志，和其气"，把心神安宁下来，把气和缓下来，要有远大的志向。"定其志"，志要有，而且要定住。比如说我没有什么大志，小志也行，比如说家和万事兴，这是我的小志。夫妻之间，百年偕老，这个志向也很好，所有的我们都要考虑，你说这话，是不是为这个志向而来的？

为什么要"和其气"呢？我们想一个女人说话的时候，如果是心里带气说的，不管这话多中听，说出的内容多好，对方一律都不接受。

比如说，你可能会认为，我婆婆怎么能这么说话呢？我为她好，给她治病，她还不接受，怕花钱。那你换一个角度，用很温和的语气，去跟老人家说："妈，您这个身体现在得吃点药，可能也不花钱，医保都是会给报销的。"这就会让她很高兴接受你的好意，然后再劝她要把钱要看开，要看淡，要保护好身体，老人身体好就是子孙的福气。可能她听着哪一句话都挺顺耳的。我们往往就是自己有气，自己不觉得，这个人怎么这个样子，我得说说他，你先对立之后说，是不会有好效果的。你把心中的对立先放下，这个就是"和其气"。完全放下之后，然后你问问自己，是不是都放下了，然后才开始对话。

择辞还要讲"谓言在先"，是指在没说话之前，"选择量度，不失礼义"，就是前面说的要懂得先"缄口内修"，"选择量度，不失礼义"。

下面我们再来看"不道恶语"，先来看什么是善语。善语一定是仁厚之心发出来的，第一不胡说八道，第二不挑拨是非，张家长李家短，这是女人最容易犯的错误，第三不花言巧语，有时候说的话好像很好听、很动听，但心并不真诚，虚情假意的话不要去说，第四是不要说伤人的话，就是冷言冷语的话，抱怨的话，很粗鲁的话，这些话都不要说。

小彤是高材生，本科毕业保送硕士，硕士毕业以后本来还有念博士的计划，可是她找到了一份不错的工作，于是她成了某大公司的一位精英骨干。半年下来，小彤交到总部的工作计划和总结报告条理清楚、思路新颖，总部领导对她十分满意。然而，小彤部门的同事和小彤的顶头上司对她却颇有微辞，普遍反映说她说话让人不舒服。

比如，一次午餐的时候，小彤和同事一起去吃饭，闲话间说到北京的交通问题，在北京土生土长的小彤顺口发表评论："北京这几年交通状况恶化，实在是因为外地来的大学生太多。我认为应该好好严格户口制度，一些二三流大学的家伙就不要给他们工作机会了。"小彤这么一说，在座几位同事的脸色都变得很难看。他们都是从外地到北京来发展的，听到此话心里自然不爽，觉得小彤太过狂妄。

其实，小彤也是有口无心，她自己的男友还是从西安来的呢，而他们的关系也已经到了谈婚论嫁的地步。但她却因忽略了别人的自尊，落得个孤立无援的悲哀处境。

人们都喜欢会说话的女人，她们说出来的话总是能让人高兴地接受，听着心里也舒坦。比如：两个女人说同样一件事，其中一个说："她皮肤很白，但是长得太胖了。"另一个则说："她稍微有点胖，但是皮肤很白。"假如这两句话是说你的，你更喜欢哪一种说法呢？是不是后者让人感觉更舒服？可见，同样的一句话，只是稍微改变一下说法，就可产生完全不同的效果。

因此，女人要会说话，就要掌握各种说话的礼仪和艺术，通过说话来展示自己的魅力，让大家都喜欢你。以下几点可供借鉴：

1. 恰到好处地说"谢谢"

"谢谢"这个词，很多时候都会使你产生意想不到的魅力。但你说"谢"字必须诚心诚意，并要让人感觉到这一点。道谢时要指名道姓并且直截了当，不要含糊不清，也不要不好意思。要养成找机会感谢别人的习惯，尤其当别人没有想到时，一句出人意料的真心的感谢话，会让人满心欢喜。但要注意千万不要虚假客套，那样别人会感觉得出来，并且觉得不舒服。

2. 多赞美，多说高兴事

与他人相处时，应尽可能地赞美他人的优点，多谈愉快的事情。赞美和鼓励会使别人对你满怀好感和谢意。当然，吹捧和奉承是会令人反感的。与别人谈话要使双方都感到愉悦，这样的谈话才可能很好地继续下去。

3. 表达不同意见要有策略

当你要表达不同意见的时候，千万不要认为只有自己最高明，当然也不要心里有意见，也不能人云亦云，而要诚恳地表达自己的看法，同时又不得罪人。这就要求你说话要温和委婉，尽量不要触怒对方，给对方足够的面子，同时也让他明白你的想法。

4. 善于了解对方的情感

只有在了解了对方的心理和情感的基础上，才有可能正确地选择该讲什么、不该讲什么，使对方与你产生共鸣，使说话的气氛变得轻松愉快。因此，我们在同别人谈话时，要根据对方的心理及时调整自己的心理和情感，注意自己的神态举止和措辞，让别人乐于听你讲话。

5. 做一个高明的听众

虚心地听别人讲话，不光是听语言，还要听语调。一个会说话的女人往往也是一个高明的听众，如此对方才会愿意把你当作知心朋友，愿意向你吐露心扉。一个自高自大、目中无人的人，是不会受到欢迎的。

6. 善用身体语言

你的表情、手势甚至无意中的动作，都会对别人产生作用，你要注意这一点并加以适当运用。一种表情、一个手势、一声叹息等，会说话的人常常会用这些来代替难以说出的话或弥补语言的不足，表达难以言状的情感。但要注意恰到好处，否则就成了矫揉造作、自作多情了，那会让人厌恶的。

7. 措辞尽量简洁高雅

不要讲让人难懂的词，不要滥用术语，不要说自己也不懂的话，同样的言词不可用得太频繁，不要运用流行语的口头禅，不要讲粗俗的话。你要尽量使用适合对方的话，多使用能使对方感觉轻松愉悦的话，尽量简明扼要地表达自己的意思。如果你在说话时能措辞简洁、生动、高雅又贴切，那么你就会成为一位说话高手。

8．说人不说短，恭维不过分

人群相聚，难免闲聊，天上的星河、地上的花草、昨天的消息、今日的新闻，往往都是绝好的谈资，何必非要东家长西家短地无事生非呢？同样，对人客气本是一大优点，但过分的客气就让人不舒服了，会让人觉得缺乏诚意。恭维他人的话也一样，一不能乱说，二不能不分对象地套用同一种说法，三不可多说。

9．不可过分自夸

赞美的话，若出自别人的口，那才有价值。如果自己说了，别人会看不上你的。而且一般来说，人们总是对自己所经历的事情感兴趣，对与自己无关的事不会太关心，因此在与别人交谈时，尽量少谈自己，不要喋喋不休地夸耀自己的工作、生活、孩子等等。除非双方都感兴趣，否则还是谈点别的话题为佳。

10．开玩笑要适可而止

开玩笑不要过头，要懂得适可而止。不是说相熟的朋友在一起不可以开玩笑，但在开玩笑前，先要注意你所选择的人是否能接受得起你所开的玩笑。而且开玩笑，说几句话就罢了，不要无休无止，不可令对方难堪。因为开了一句玩笑而让大家不欢而散的话，那就没什么意思了。

女人可以长得不漂亮，但是必须说得漂亮，无论什么时候，渊博的知识、良好的修养、文明的举止、优雅的谈吐、出口不凡的表达，一定可以让女人活得足够漂亮。

传承国学经典文化
重塑现代女性形象
修身心　养贤德
正家风　和天下

大方得体：仪容装扮皆相宜

在中国传统文化中，对女性的仪容装扮一直强调 4 个字："大方得体"。《女诫》中说："盥浣尘秽，服饰鲜洁，沐浴以时，身不垢辱，是谓妇容。"

盥浣是洗的意思，就是指经常要清洗、洗涤衣物。服饰鲜洁讲的是穿的衣服都鲜明洁净，就是穿衣服要干干净净的。"沐浴以时，身不垢辱"，讲要经常沐发浴身，身子不要沾染污垢。

"盥浣尘秽，服饰鲜洁"，现在的女人都能做到，谁会成天不洗澡，谁会穿的破烂不堪呢？现在的女性都会打扮得很光鲜亮洁，头发恨不得天天吹，澡恨不得一天洗好几遍。关键是穿的衣服得不得体。

对女人而言，穿衣是一件全方位的事情，它和场合相关，和对象相关，和季节相关，和心情相关，和发型发色相关，和肤色相关，和个性相关，和一个人的一切，无论是内在的个性气质还是外在的着装打扮都有莫大的关系。

可是在现实生活中，拜"穿衣戴帽个人所好"之赐，大多数女性都不知道怎么正确着装。感性的女人们或依靠本能追求靓丽，或依靠直觉追求个性，或依靠喜好追求舒适，或依靠兴致追求性感……而结果是，因着装不当让自己的形象受损。

董洁是工科名校研究生毕业，按理说她毕业后应该顺利地进入一家比较好的企业，可事实却是，她的简历都能从厚厚的应聘材料中脱颖而出，入列预选名单，可是每次到了面试环节，她都被刷了下来。为此，考官表示，董洁面试时回答问题都还是很不错的，可是她的着装形象却让人难以接受。

话说董洁面试那天的着装跟平时的穿着打扮一样新潮，鲜艳的短上衣，一条破旧的低腰牛仔裤，一对夸张的热带风情大耳环，精细描画的浓妆一进门就让由高级工程师组成的考官一愣。考官们随便问了几个问题后便草草结束了面试。结果很显然，董洁被淘汰出局了。

对此一位考官解释说："理工类专业要求踏实、耐得住寂寞，而董洁给我们的暗示却是华而不实、喜欢张扬的印象。如此一来，她的出局就是自然的。"

也许有些女性朋友仍会坚守不在乎外表的习惯，但对于渴望成功的女性，形象管理大师莫雷先生的调研结果也许值得深思琢磨：不懂穿衣或穿着不当的女人永远无法上升到事业巅峰！试问一个穿着低领T恤、超短热裤的女员工，看着虽然养眼，可是让她领导一个部门，你是否能给她足够的信任？

刘妍是个女强人，现任一家广告公司的经理。虽然她是个能力很强的人，但每次面对需要唇枪舌剑激烈争辩的对手时，她却总显得底气不足缺乏信心。后来一位设计师跟她说是她的着装影响了她。

每次她都以一身单调的职业装以及一头冗长的头发出席各种场合，然而别的女性打扮却都干练又不失韵味，这样就使得刘妍在谈判的关键时刻总是备感压抑。

于是，她接受了形象设计公司的专业指导。在形象设计师的坚持下，她剪掉留存多年的长发，换上了一身庄重并富有朝气的高档套装。从此以后，她总能以优雅干练、精神饱满的面貌出现，并自信地坚持自己的立场，游刃有余地坚守底线，而当对手看见这么一个化妆精致、着装得体、气质不凡的女强人时，最后都无不屈服在她面前。

服装是表达自己的利器，如果不懂得依照各种因素来变化自己的着装，那么也就等于明明白白地告诉别人：看，我没有分辨情况的能力。因此，女人学会穿衣之道的第一点就是：学会穿得对。

李丽向她的朋友抱怨道："客户总是不太接受我的建议。"朋友打量了她一下，发现她穿着一件粉红色可爱的小 T 恤，像个小女孩一样，就问："你平时去见客户时不会也穿成这样吧？"

李丽感到很奇怪，说："差不多吧，不过这有什么关系吗？"

"当然有关系了，在不了解的情况下，客户对一个穿着像小孩般的女性所提出的建议其依赖程度会减少很多，即使你提出的方案再科学、有效，那样的装扮，在商讨严肃的工作时，也很难给人以信任感。所以，你应该试着穿一些比较知性的衣服。"

听从了朋友建议的李丽开始转换行头，而客户对她所提的建议也往往给予肯定了。

由此可见，女人一定要表现出自己特有的性格，在适当的场合适当地表现自己，展现女人的自我本色。这样的女人才会赢得他人的依赖和关注。

女人的衣装是让一个人和自己以及周围世界融洽相处的媒介。所以，穿衣服，必须穿得对，让装扮为自己加分。

第五章 上善若水：和柔为美，谦让是德

女人以和柔为美，要养成和柔之德。一家能和，则百事可立，一个社会能和，往往就会有和谐兴旺的景象。

以和营家：家和万事兴

和，这个观念在中国文字记载中最早出现于周朝。西周末，周幽王的太史史伯在评论周朝必亡这一生死攸关的重大问题时，提出了"和实生物"的著名论断，他说"和实生物，同则不继"。这就是说，只有"和"才能产生万物，而"同"则是不能产生万物的。他列举了很多例子来加以论证，认为：只有一种味道就不能成为美味，只有和以多种味道才能成为美味；只有一种声音不能成为美声，只有和以多种声音才能成为美声；只有一种颜色不能成为美色，只有和以多种颜色才能成为美色；只看到一种事无法做出评价，只有与其他多种事物进行比较才能做出评价，等等。

儒家以"和"为价值的中心原则，"和"是不同事物相互联系、会聚而得其平衡，也就是多样性的统一。和为贵，乃中国文化的优秀传统和重大特征。不仅儒家，构成中国传统文化有机部分的其他流派，如佛、道、墨诸家，也大都主张人与人之间、族群与族群之间的"和"。佛教反对杀生，主张与世无争；道家倡导"不争"，以"慈"、"俭"、"不敢为天下先"为"三宝"；墨家主张"兼相爱，交相利"，尤为反对战争。例如，我们现在提倡要"尊重他人"、"五讲四美"、"精神文明"等等。"尊重他人"这样的道德观念正是和儒家的"和为贵"思想相联系的。

中国传统文化重视"和"，还体现为在人与人的关系上，主张"贵和尚中"。中国文化把协调人际关系放在首位，必然强调和谐。

《管子》的作者认为，"畜之以道，养之以德。畜之以道，则民和；养之以德，则民合。和合故能习，习故能偕，偕习以悉，莫之能伤也"。他把民众的和作为民众道德的直接体现，认为学习和合，就是学习道德，民众只要能够和合，就能产生"莫之能伤"的强大力量。反之，天下不安定的原因就是"内之父子兄弟作怨仇，皆有离散之心，不能相和合。"《墨子》并认为越王勾践卧薪尝胆复国成功最重要原因是"教训臣民，和合之。"

和的观念付诸实践，就形成了中国人独特的行为方式。国家兴盛的理想状态是和谐；文学艺术的最高境界也是和谐；人们处理事务、人际关系也崇尚"和为贵"，用自我克制来消除矛盾、分歧，用相互切磋来扬长避短，通过寻找利益的一致之处，把各方的不同之处加以协调。

在中国的传统文化中，和的观念主要还体现在家庭上，家和万事兴，讲的就是这个道理。营家之法就是以柔和为贵，这需要女性来主导。女子性格是否柔顺，这是家庭能否和谐的关键。凡是在家里强势的女子，她的丈夫就是软弱的。这样的家庭养育的孩子，如果是儿子，多数情况下会像他的父亲一样软弱；如果是女儿，那么女儿则会像母亲一样强势。将来儿子找儿媳妇，又会照着他母亲的标准找，结果这个儿媳妇也会很强势，这样婆媳之间就会经常闹矛盾，甚至会大打出手。

家庭应该是幸福的、安宁的，是全家人避风的港湾。当丈夫和孩子回到家里，他们应该感到一种和睦和温暖，这是作为母亲应该为家庭营造的氛围。如果一个家庭充满了烟火味，谁还会想回家呢？现在，有很多的孩子不愿回家，那是因为家里没有让他安宁的地方，因为这个家没有让他感受到爱和温暖，因为母亲没能给他足够的爱。丈夫不想回家，是因为妻子没有温和地对待他。所以说，女性应该为自己的家庭营造这种和谐的、和睦的、其乐融融的氛围。

在家里，夫妻、父母和儿女亲人之间，应该多讲一份情，少论理，少争一个高低，多谦让，这家就和了。家和从我自身做起，我能柔顺别人，而不要求别人柔顺我，这就是《道德经》里所推崇的上善若水。我们在前面曾经多次提到水，女人如水，不跟人争，能柔顺一切，你能柔顺，这世上没人战胜得了你，所以柔能胜强，弱能胜刚，柔能胜刚，弱能胜强。

《女论语》中曾说："处家之法，妇女须能，以和为贵，孝顺为尊。翁姑嗔责，曾如不曾。上房下户，子侄宜亲。是非休习，长短休争。从来家丑，不可外闻。"

这就是在讲女人如何以和营家。夫妇之间和为贵，孝侍父母要柔顺为尊、为先，对父母不能够刚强，刚强了就是忤逆了。所以孝顺孝顺，孝后头一定是连着顺，不顺亲就不叫孝，孟子讲过不顺亲不可以为人子。柔和的品德还是从孝亲那里养成的，孩子自小养成孝顺父母的这种德性，他自然性格就特别柔和，他不会跟人家起争执。

"翁姑嗔责"，这是讲公公婆婆因为某些事情而责备媳妇，做媳妇的不能够在意，要依然保持敬顺之心。"曾如不曾"就是虽然公公婆婆曾经骂过我，但是就像不曾骂过我一样，若无其事，没把这个事放在心上，心中不留阴影。这是一个修养的功夫，心里只念别人的恩，只念别人的善，不念别人的怨恶。

如果公公婆婆责怪是对的，那我就应该认真的改过，怎么能够怨恨？还应该感恩他，他们把我的缺点指出来了，让我改过自新，这是我的恩人。假如他们责怪错了，误会了，也不能怨恨，反正你既然没有犯过失你何必需要恼怒？时间久了自然就真相大白，甚至都不需要解释，要有这种涵容的度量。

"上房下户，子侄宜亲。是非休习，长短休争。从来家丑，不可外闻。"这是说到一家里的相处。古代的家是大家族，这一家有很多房户。毕竟是大家住在一个大家族当中，是同房共户，同辈兄弟们的儿女子侄这些晚辈，应当对他们多加爱怜，多加体恤。这个亲就是对他们有爱，把子侄这些晚辈孩子当作自己亲生骨肉一样去爱他们，不要有分别心，平等的爱他们。甚至爱这些侄子比爱自己的儿女要更加的多一些，这是促进整个家族的和睦。

家里大了，各房各户多了，妯娌之间，姑嫂之间难免会有一些是是非非的事情发生，这是很难免，每个家里都有，那我们遇到这种情形用什么态度？"是非休习，长短休争"，习就是参与进去，我们不要参与谈论是非。古人讲谣言止于智者，那些风言风语到了我这里就止住了，不再往下传。又说，"来说是非者，必是是非人"。如果你不是是非人，你绝对不讲是非。讲是非的人因为他有是非之心，他没这个心他也看不到这个是非，他更不会讲这个是非。他要是讲证明他心里有，所以来说是非者就是是非人。遇到这种情形我们最好敬而远之，我们不要去跟他参与，让是非就此止住。不管谁对谁错，我们都不讲，只赞叹别人，决不毁谤别人。这个长短，谁有理谁没理，不要去争，群众的眼睛是雪亮的，大家自然能看得清楚。暂时看不清，日子久了也就看清了，所谓"路遥知马力，日久见人心"。即使是被人误会了也不必急于澄清，用你的真诚，你的德行慢慢感化大家。

有时家里难免会发生点丑事，但是家丑不可外传。为什么？因为一家它有它的体面，特别是家里如果有老人，有父母，如果家里发生丑事传出去了大家会讥笑这一家的父母对儿女不善教，这就是让父母蒙羞，让祖宗蒙羞，这就是不孝，所以家里的那些事情不要往外传，这是有教养。

在古代，有一位苏少娣，是一位贤妇。她嫁的那家是兄弟五人，四个已经娶了媳妇了。她没嫁的时候已经听说这家四个媳妇都不贤，整天在一起吵吵闹闹，在那里谈论是非，非常不和谐。别人就警告苏少娣，说你去到那里恐怕会遭殃。少娣很坦然，她说如果是木石鸟兽，我就没办法去改她们，世上哪能说有人心改不过来的？人之初，性本善，少娣决心用她的德行来转化这一家。

结果过了门了，少娣侍奉四个嫂嫂很尽心，礼数一点不缺。

当嫂嫂缺乏什么东西，需要一些东西的时候，少娣马上就把自己的东西拿到嫂嫂那里，供养嫂嫂。有时候她们的婆婆吩咐下来要媳妇们帮忙，这几个嫂嫂互相看来看去，都互相推诿，不愿意去为婆婆服务，少娣就出来说我是新来的，我应该来做这个劳务。当家里分东西的时候，少娣总是多分给嫂嫂的儿女们。如果是嫂嫂没有享用的东西，少娣绝对不敢先享用，真正长者先幼者后，她很遵守这个礼数。当嫂嫂跟她谈论是非的时候，她总是笑而不答，不跟你搭话，但是态度很温和。少娣这一房里头的奴婢如果跟她传一些是是非非，说嫂嫂怎么样不好了，可能说的话是真的，但是少娣必定狠狠地责罚奴婢，不允许她讲这个是非，甚至亲自到她嫂嫂那里去认错，所以是非自然就止住了。你不愿意听，别人就不会跟你讲，你愿意听，当然就有人跟你讲了。有一次少娣抱着嫂嫂的儿子，结果小儿的小便弄湿了少娣的新衣服。当时嫂嫂看到这个情形很不好意思，赶紧要把这孩子接过来，少娣就说不要急不要急，别吓坏了孩子，而对自己的衣服一点都没有惋惜的意思。就是这样很多很多的细节，少娣都表现出对于嫂嫂们的敬重。最后四个嫂嫂被感化了，她们自己相互说，我们这个五婶真是大贤，我们在她面前简直就不是人了，从今以后我们真的要改过。所以后来妯娌之间，四个嫂嫂跟少娣非常和睦，而且互相之间再没有谈是非、争论、不和。

在现代社会，大家族已经分解成了一个个小家庭，在这种情况下，影响家庭和谐的主要就是婆媳矛盾。

俗话说："婆媳亲，全家和。"这话有双重含义。其一是说婆媳关系融洽与否直接影响着整个家庭中的其他人际关系，如夫妻关系、亲子关系、兄弟姐妹关系以及祖孙关系。其二是说婆媳关系是家庭内部人际关系中最微妙、最难处的一种关系。其实，婆媳关系并不像人们描述的那么恐怖，只要做媳妇的不太苛刻，即使不能像对待自己的亲生妈妈那样，能够体贴婆婆，尊重婆婆，婆婆也就满足了。

美静和婆婆相处的机会不多，按理说不会存在什么矛盾。然而，有一段时间，她们之间开始了明争暗斗，她们的关系就像绷紧的弦，随时都有可能断裂。原因就是她和婆婆争老公。婆婆认为，儿子是她养大的，天经地义归她管。有一次，美静低声求丈夫帮她做一点小事，哪知婆婆的耳朵比谁都尖，立刻阴沉着脸把她的儿子唤过去，吩咐他去做另一件事，屋里顿时硝烟弥漫，于是，她第一次和婆婆较起了劲。

吵完了架，怄完了气，美静忽然想开了。一年到头，自己又有几天呆在婆家呢？与其制造硝烟倒不如顺水推舟，暂且把老公让她几天，既换来了婆婆的高兴，自己也落个清闲自在。于是一回婆家，她便乖乖地让出"老公"，自己的事尽量自己解决，不再找老公帮忙。当然，回到自己的小家，老公就又属于自己了，还得乖乖听自己调遣。

让人意想不到的是，自从美静采取了这个措施之后，事情竟然发生了变化。有一次，她实在需要老公帮自己一下忙，但她没有直接找老公，而是跑去"请示"婆婆："妈。您要他帮我抬一下桌子。"婆婆说："这点小事，你自己叫一下不就得了。"美静故意一脸委屈地说："可他只听您的话，我哪儿叫得动啊！"好一个婆婆，立刻叫来他的儿子，训斥道："今后你可要听你媳妇的话，你要敢不听，小心我收拾你！"美静心中满心欢喜。她与婆婆之间的斗争终于变成了温暖的阳光，她的婆婆甚至开始在邻居面前夸奖自己有个好儿媳呢。

美静无疑是个聪明的女人，她用一点小小的"伎俩"，不仅赢得了婆婆的认可，家庭的和睦，也换来了丈夫更多的柔情蜜意。

爱莉也是一个聪明的女人，她的老公是个性格内向的人，平时很少给家打电话，她就常叮嘱他没事打电话和父母唠唠，不是家里有事才去关心，所以现在老公养成了每周给家里打电话的习惯，公公婆婆看见自己儿子的变化都很高兴。

平时他们回老家的次数少，爱莉就常常给他们买些东西寄回去。她知道婆婆有高血脂，肠胃不好，就从网上多搜集一些饮食方面的知识，然后打电话告诉婆婆要多注意什么。她还主动邀婆婆和公公来家里住，虽然生活习惯方面有些差异，但是爱莉总是表现得很谦让，从来没有对婆婆高声说过话。本来，周末的时候，她和老公会睡懒觉，但从公公婆婆来了后，她也不睡了，尽量早起做早饭，自己打扫卫生。婆婆很节约，洗菜水都会用桶存起来拖地，然后再冲厕所，她也就学着婆婆的样子做，节约总是好事嘛。

她的老公是个粗心的人，父母哪天生日都不知道，爱莉也不好直接问，只能旁敲侧击地了解婆婆到快过生日了。然后，她也不说破什么，陪婆婆逛街时，给婆婆买了几件衣服和一只玉镯，虽然不值多少钱，但媳妇的心意到了，婆婆心里一定是高兴的，这比什么都重要。

有人说婆媳是天然的情敌，他们都深爱着同一个男人。婆媳因为生怕这个男人与对方过于亲密而疏远了自己，因此，在内心自觉不自觉地都与对方较着劲。

虽然现在绝大多数的小家庭已分立门户，不和婆婆住在一起，但也免不了要和婆婆直接接触。"婆媳经"比较复杂，念好"婆媳经"需要一定的技巧。日本作家渡边淳一先生说："要解决这个问题，最关键的便是意识的改变。由于婆媳两者之间的思想观念存在着很大的差异，因此，她们互相之间不必过于接近。在此基础上，尽量站在对方的立场上考虑问题。或许对其关系的改善不无裨益。"

婆媳本来是两个毫无联系的女人，她们因为同一个男人而紧密联系着。一个女人看着男人慢慢长大，从自己的怀抱投入另一个女人的怀抱，于心不甘，这个女人是婆婆；另一个女人看着男人渐渐成熟，决定在一起共度余生，如果因为婆婆而冷落了自己，于心有怨，这个女人是媳妇。因此，从男人娶了媳妇之后这种关系就开始对立了。

男人结婚后，与自己的母亲和妻子这两个女人，由母子关系、夫妻关系、婆媳关系相互连接着。三种关系如同三角形的三条边，只有三条边相等，彼此之间才能和谐。

彩霞和老公结婚后，由于经济条件不允许，就一直和婆婆住在一块儿。

老公是家中的独生子，从小特听话，婆婆一直引以为豪。婆婆经常对彩霞说，从小就没让这孩子干过活，只要他读好书就行，现在工作了，也不要他干活，只要把工作做好就行了。所以，每次老公到厨房去帮彩霞，婆婆就会把他叫过去，说工作累了，到家就好好休息。每到这时彩霞就特别郁闷，心里想：我也一样上班，我上班就不累吗。

于是，彩霞越发爱在厨房里大声叫老公来帮忙择菜。日子久了，婆婆对彩霞的意见特别大，觉得她不知道疼儿子，而彩霞也对婆婆心有余悸，觉得是婆婆把老公宠坏了。不到一年，她们之间的矛盾无法调和，最后只得不欢而散。

和婆婆抢老公，就好比是母亲、儿子、媳妇三者之间展开的一场特殊的"拔河比赛"。两个女人分别站在绳子的两端，将站在绳子中间的男人拉过来拉过去。她们激烈地争夺着男人，并相信自己这样做是理所当然的。其实，这样的争夺，没有任何一方是赢家。

下面是几条与婆婆的相处之道，希望能对你有所帮助。

1. 把婆婆当友人

婆婆虽然和自己没有至深的交情，但又不能不相处，不尊重，那么保持一定距离的"朋友"关系就比较妥当了，随着时间的推移，这种"朋友"的关系会越来越亲密。

2. 多"原谅"婆婆

如果婆婆的所作所为有什么令自己不满意的，不要发火，火发了，和气就没了。你不妨经常提醒自己："婆婆是老公的妈妈，看在老公的分上我也不能和她计较太多"，以避免自己当场发作和婆婆理论，使矛盾激化而闹得不可收拾。

3. 平日不忘"烧香"

如果不和婆婆常住一起，就要表现出时刻都牵挂着她，比如平日里买点水果、饮料、肉鱼等送过去，离得远的就买些实用的东西寄回去，也许花不了多少钱，但是婆婆收到的是你的一片心意，心里自然美滋滋的，一定会夸你是个懂事又贤惠的好儿媳。

过节或婆婆生日的时候，就更要显示你对婆婆的关心了，婆婆爱吃的食物、贴心的保暖内衣都是不错的选择。

4. 懂得换位思考

婆婆也许年纪大了，和年轻人产生分歧也是很正常的事，所以你要常站在她的立场思考问题，这样和她沟通起来障碍就小多了。

5．尽量去爱你的婆婆

爱你的老公，也要爱他的父母，感谢他们，和老公一起孝顺他们。

6．体贴，从小事做起

孝顺婆婆，不是光指物质上的，一句问候、一个关怀也会令她感动。没事打个电话，平日里多和她聊聊家常，她会很满足的。

7．与婆家的其他人也要搞好关系

与婆家的其他人，公公就不必说了，其他的亲戚们也要搞好关系，相处之道就是礼节和尊重。这样你慢慢地就会在婆婆那个大家族里，换来一个好口碑。

和柔的女人成就和睦家庭，使每一位成员都充满了祥和与平静，不仅婚姻能够美满而稳定，整个家庭也会幸福而和谐。

宽厚大气：心胸宽广，自有姿态

《易经》上说，"天行健，君子以自强不息；地势坤，君子以厚德载物"。就是说，女人作为大地，宽厚仁和，以深厚的德行去承载万物。在中国的传统文化中，女人的特质包括：宽、仁、慈、惠。

宽，就是说女人要非常宽厚，有度量，不要因为一点小事就发脾气，要待人宽容。

人们总习惯把男子与"大"字联系在一起，如大男人、大丈夫，男子应大度、大方，有大手笔。而女子呢，则完全与男人相反，以小女人自居，这其实是对女子的一种偏见。优秀的女人，首先应该也是一个大气的女人。有人说，男子是天，有天一样壮阔的境界；那么女人就是地，有地一样宽广的胸怀。天有多高，地就有多厚。两者相辅相成，相映成趣，谁也少不了谁。

宽容大气是女人的一种气质，更是一种智慧。懂得宽容的女人，是生活的智者，她因为目光远大，所以心胸开阔，善明事理，勇于开拓。她追求的是不变的将来、永恒的春天、竞争的人生。

生活不可能总是春光明媚，花香烂漫，天色常蓝，事事如愿。生活有如梦如幻的精彩，也有很多无奈。因而要成为一个生活以及灵性生命的强者，就应豁达大度，笑对人生。一个微笑、一句幽默，也许就能化解人与人之间的怨恨和矛盾。学会宽容的女人永远保持一种恬淡、安静的心态。

深受广大观众喜欢的香港著名女艺人沈殿霞于 2008 年 2 月 19 日在香港辞世。她的谢世让很多人备感唏嘘，因为在她的身上有许多别人不具备的美德，最突出的一点就是，她是个很大气的人，以能宽容别人而备受尊重。

当年，在沈殿霞是红透香港的金牌司仪的时候，与名不见经传且饱受生活打击的郑少秋一见如故，她不顾舆论压力，全力扶持郑少秋的事业并安慰他的情感，在与他相恋九年后毅然同他登记结婚，且不惜冒着生命危险为他怀孕生女，然而他们的女儿来到人世还不到两个月，郑少秋却移情别恋。他们十年情感一朝云散，最终以沈殿霞遭到沉重打击而结束。

多年以后，沈殿霞在 TVB 主持的谈话节目开播，第一期节目的第一位嘉宾就是郑少秋。两人相对而坐，待节目结束后，沈殿霞突然很意外地问郑少秋："有个问题好久前就想问你了，今天借这个机会问你一下，你只需回答'Yes'或是'N0'就好，这个问题就是：在多年以前，你有没有真心地爱过我？"郑少秋听后，几乎只是稍加思索，便坚定而认真地回答说："我真的好爱你！"此言一出，沈殿霞立刻泪流满面，随即那幸福的笑容便荡漾在她迷人的脸上。仿佛历经多年的苦难和恩怨都在那句"我真的好爱你"这六个字中烟消云散了。

是啊，宽恕伤害自己的人是很难的，但能做到这一点的人却是高贵的。沈殿霞以女性不多见的博大的胸怀宽恕了曾深深伤害过她的人，也为自己创造了一个融洽的人际环境，她这种化怨恨为祝福的智慧确实令人惊叹。

在生活中，大气会在一些女人身上显示超凡脱俗的优雅气质。

大气的女人可以巧施粉黛，也可以素面朝天；可以华衣美食，也可以箪食瓢饮；可以安居广厦，也可以寄寓茅舍；可以颐指气使，也可以独吟歌词……她无论身处何方，境况如何，也不管贫富贵贱、貌美与否，大气是这些女人身上显示出超凡脱俗的品质，卓尔不群的胆识，浑然于天地之间，融会于自然之中。

大气的女人，最能善解人意，她与人相处，和蔼可亲，她不会暴跳如雷，出口伤人，或者指桑骂槐。

大气的女人，从不因鸡毛蒜皮的小事与他人斤斤计较，说话总是和颜悦色，大大方方，既不蛮不讲理，又不会得理不让人。与那种说起话来横眉竖眼、咄咄逼人，对人总是横挑鼻子竖挑眼的凶女人截然不同。

大气的女人从不说三道四，搬弄是非，她从不热衷听小道消息、花边新闻，从不和人叽叽咕咕、喋喋不休，抱着电话不放，或者咬起耳朵来没完。

大气的女人，不会因朋友的误解、男人一次偶尔的迟到而板起面孔，冷嘲热讽；也不会因同事的无意冲撞而怀恨在心，寻机报复。

大气的女人，最能领悟"宁静而致远"，她不会整天疑神疑鬼，时时担心受他人伤害，也决不工于心计每天检查男朋友的手机，翻看丈夫的口袋；大气的女人，拥有自己的精神独立，她不会害怕孤独，她有足够的耐心独自享受生活和等待丈夫，她不会不停地打电话追踪和催促在外面忙碌的丈夫，而是自己默默地修造自己的精神乐园。

大气的女人，给人一种宽松自在的感觉，她能使自己真正地坚强和自信起来，面对变幻的生活，大气的女人决不会惊慌。

大气的女人不是格格不入、自命清高，而是能够包容他人，懂得尊重别人的选择，也能认可不同人的生活方式。

在人生的道路上，我们不妨学着大气一点，宽容一些，女性朋友们可以试着从以下方面入手。

1．学着理解别人

当发生什么意外的事情时，不妨设身处地地站在别人的角度来思考一下，这样你或许会发现自己也应该承担一半的责任。学着理解别人，体会他们的苦衷，你的抱怨和烦恼就会少很多。

2．保持乐观

一个悲观的人总是很容易想到事情不好的一面，而且心情比较压抑和郁闷，所以总会对别人不满或者生气。虽然有的人平时很好，可是一旦遇到什么事情就悲观起来，这也不算真正的乐观。真正的乐观是不论在什么时候都可以给自己鼓励和希望，并且相信自己。

3．不要斤斤计较

斤斤计较，只会让别人觉得你是个小肚鸡肠的人，只会让你一时觉得占了便宜或者没有吃亏，但是心里也很难受。如果你是一个宽容的人，就不会在乎朋友的失约等小事，烦恼也就少很多。

4．放开眼光

不要老是把眼光放在自己的小圈子里，鼠目寸光的人永远只能看到眼前的一点利益，所以要学着把眼光放长远一点。一个人要想真正实现自己的价值，仅仅局限在自己的小圈子里是不行的，必须发掘自己的潜能，为他人、为社会做出一点贡献。一个有全局意识和集体意识的人才会真正得到大家的认可和尊重。

作为女人，你也许很娇贵，也许很单纯，也许很浪漫，但拥有一颗宽容之心，才是作为女人的幸福之本。

善为至宝：心中有爱，施恩感恩

"善为至宝"源自一幅格言对联，原句是：善为至宝，一生用之不尽；心作良田，百世耕之有余。此联曾题刻在广东雷州高山寺。

至，极，最。至宝，特别稀有的、最珍贵的宝贝。人们常用"至宝"形容那些非常难得的、最好的东西或物品。作者在这里，把"善"比作至宝。

何为善？善真的是至宝吗？什么样的善，才能称得上是至宝？

凡是有利于生命（泛指一切有生命力的物体）生存、发展和进化的——思维、观点、思想、性格、状态、语言、行为、动作等等，都是善的。也唯有这样的善，才能称得上是真善，是至宝。

在这个世界上，任何一个人的任何一个意念、想法、思想、观点、态度、情绪等，都首先直接作用在自己身上，其结果是善是恶，是吉是凶，一切都要由自己来承担。谁都别存侥幸的心理——希望大自然对自己网开一面。

使他人获益，才能让自己获益。

你做了利他的事情，他自然就会对你充满感激，这种感激，在他的潜意识的作用下，携带着创造生命奇迹的能量，直接作用在你的身上，记录在灵魂的深处，伴着你一同经历人生的坎坎坷坷，在你最需要的时候，恰到好处的释放出来，让你转危为安，让你逢凶化吉，让你遇难呈祥，让你财源滚滚，让你平步青云……

这样的善（带来这样的结果），对每一个人来说，不是至宝又是什么呢？

这让我们明白，善良的心，其实是纯洁的、真诚的、温柔的、敦厚的、友好的。无用过多解释，讲一件真人真事你自然就会理解它的含义。

在某小区，赵阿姨是大家公认的"大好人"。小区里一位80多岁的老爷爷经常向其他几位阿姨说："你们赵大嫂可是个大好人啊！要是没有她，他们一家子还不知道怎么过下去呢。"他说得没错，赵阿姨可是家中的顶梁柱。

赵阿姨的丈夫46岁得了偏瘫，经过多次治疗，身体渐渐好转，但有一条腿不能正常走路了。赵阿姨有两个儿子，大儿子在外地工作，二儿子从小就是脑瘫，如今已经20多岁了。赵阿姨每天都精心照顾着丈夫和儿子。

小区里也有人会问："赵阿姨，您每天照顾丈夫和儿子累不累？您有没有埋怨过命运？"赵阿姨总是和蔼地说："哪能不累啊？要说埋怨，也不是没有，我有时会觉得上天对我很不公。可有啥法子啊？我总不能扔下他们父子俩不管吧？做人是要讲点良心的，人坏了良心迟早会遭报应的。"

这就是赵阿姨，她让我们真正懂得了善良的含义。你可能并不相信"善有善报，恶有恶报，不是不报，而是时间未到"的因果报应理论，但是你一定会相信，一个心地善良的女人，无论何时都能经得起灵魂的拷问，无论何时都能做到无愧于心。

在婚姻中，当灾难降临时，当疾病来袭时，当不幸造访时，当危机登门时，当贫穷缠身时，善良的女人总能做到与爱人患难与共，对爱人不离不弃。男人娶了这样的女人，绝对是这一生中最明智的选择。

善良的女人也是有福的，因为心眼好的女人在以慈悲之心对待别人时，自己是开心的，自己是觉得幸福的；而她的善良，又会为她迎来丈夫的好感和真爱。

有一位叫小松的男子，外表英俊，才智过人，善于交际，事业有成。这样一位成功男士自然会吸引不少年轻女孩的眼球。有一个刚刚20岁出头的女孩，对他可谓一见钟情。该女孩花容月貌，聪明灵巧，曾多次寻找机会向小松表明心迹。小松也曾多次婉言拒绝。但碍于面子，他没有拒绝和她交往。经过一段时间的了解，小松发现那女孩身上的确有很多吸引他的地方，再加上女孩的热烈追求，慢慢地，他陷入了感情的漩涡。之后，他们有了进一步的亲密接触。再后来，小松内心挣扎了很久，但他知道长痛不如短痛，他最终决定离婚，然后和那个女孩在一起。

他特意向单位请了两天假，要回家和妻子小晴说明一切。他刚刚跨进家门，妻子就迫不及待地拥抱了他，然后高兴地大声喊：

"婆婆，小松回来了！"妻子赶忙拉他去他妈妈的房间。他发现妈妈躺在床上，床头放了很多药。还没等他开口问她妈妈怎么了，妻子说话了："妈妈病了，得了胆结石，前几天我带她去医院做了手术，昨天刚出院。"小松说："这么大的事怎么不告诉我？"妻子说："知道你忙，走不开，就没有告诉你。其实妈妈也不想耽误你工作。"他惭愧地低下了头，心中对妻子充满了感激。

晚上，快到休息的时候，妻子在卧室里铺床，他悄悄地走到她身边，想了很久的话终于有时间说了，可他吞吞吐吐的，竟不知如何开口。他低着头，停了很久，才低声说："其实，我，这次回来，是，是，是想和你说离婚的事的。"妻子一听，立马怔住了，低着头，沉默了好久，然后她问："外面有人了？"他点点头。她没有拒绝，只求他一件事，她说："你需要出差，妈妈没人照顾，妈妈的病还没有完全康复，让我再照顾她一个月好吗？等妈妈病全好了，我再和你去办手续。"他答应了。他们过了一个非常平静的夜晚。

第二天一早，他就返回了分公司。

妻子并没有向婆婆提起离婚的事，而是像往常一样照顾她。一日三餐，做好了给她端送；早上给她端洗脸水洗脸，晚上给她端洗脚水洗脚；按时让她服药；一有空闲就给她按摩；还一次又一次地小心地搀扶她去卫生间……她细心地照料着婆婆，没有一点怨言。当她的妹妹知道她丈夫要和她离婚，她还像往常一样照顾婆婆时，把她数落了一番："姐，你太善良了，善良得有点愚蠢！

你傻不傻？他都不要你了，你还管他妈干吗？她是死是活已和你没关系了。既然他不仁，你也可以不义；既然他负你，你也不必为他着想。"妻子却说："她是我婆婆，我们朝夕相处了这么久，我不能扔下她不管，我过不了自己的良心。"

一个月后，小松回来了，他看到妈妈完全恢复了健康，心里甭提多高兴了。吃晚饭的时候，妈妈对他说："小松，你这辈子很幸运，娶了一个好妻子。这一个多月来，要是没有小晴的细心照料，我的病恐怕不会这么快就好了。"接着，妈妈一五一十地向他讲起了小晴是如何细心照顾她的。听了这些，小松离婚的决心动摇了。

晚饭后，他回到房间，又是两个人面对面。可这次他再没有提离婚的事，而是紧紧地拥抱着她，忏悔地说："是我错了，你才是这辈子最值得我爱的人。你有一颗善良的心，这是一颗金子般的心，我希望我这一生都拥有这颗心。"当夜，他当着妻子的面和那位女孩打电话："谢谢你的爱，你很漂亮，也很优秀，相信你一定会遇到比我更出色的伴侣。"

就这样，他的心，他的人，都回到了妻子那里。

是啊，有哪个男人会忍心抛弃一个善良的女人呢？我听过这样一个传说，上帝用三种材料创造了三种人：最好的人是用金子做成的，次好的人是用银子做成的，而一般的人则是用铜和铁做成的。当然，做一个女人就要做最好的那一种——金子做成的人。

因为，金子做成的人拥有一颗金子般的心，金子般的心是善良女人的心，这样的女人奉献给丈夫和家庭的都是真心和情义。无论婚姻中遭遇多少不幸和变故，善良的女人都不忍心去伤害别人，都会用一种心平气和的慈善的态度去对待一切，这最终会让丈夫迷途知返。

善良的女人也许并没有想过善良的行为能挽救自己的婚姻；善良的女人也许并没有想过善良的行为能赢得丈夫的真爱，但善良的行为的确做到了这些。

善良，是做好太太的首要标准。古代帝王之家选太子妃，其标准就是"相貌端庄，宅心仁厚"。宅心仁厚指的就是善良。可想而知，这样的女人做了皇后才能母仪天下，恩泽百姓。试想，一个没有善良之心的女人做了皇后会怎样呢？肯定是视百姓如草芥，视别人如蝼蚁。这样的女人心是黑的，杀人不眨眼，不但会误国，还会误家。其实，就算不进帝王家，做平常百姓的妻子也需要一颗善良的心。这样的女人才会以和善的情怀对待家人，照顾家人。这样的女人不会怨恨生活带给自己的种种坎坷，而会用她诚挚而坚强的心去应对家庭的不如意，这好比是清晨的露水滴入濒死的草木，让枯萎的生命瞬间得到滋润，重新焕发光彩。

善良是一种美德，是女人生命的宝石。一个女人，拥有善良时，她就是美丽的天使。否则，即使她再漂亮，再有才能，再聪明，如果具有一颗邪恶的心，虚情假意、工于心计，爱报复，爱伤人，她也无法获得丈夫始终如一的爱，她的婚姻也不会幸福。

善良是纯洁无瑕的，因为善良需要人有真诚的心灵；任何虚伪的谎言都无法在善良面前现身，因为善良是神圣不可侵犯的；善良的女人都有一颗为别人着想的心。一个女人，要为自己而活，但首先要对婚姻、对生活、对家人善良，这样的女人才是男人心中的女神。

善良的女人犹如一部名著，开卷有益，百读不厌。善良的女人犹如一首名曲，美妙动听，韵味无穷。善良的女人心地像小河，潺潺涓流，清澈见底。

低调谦虚：低调永远比高傲更有魅力

在立身章里，我们讲过女人要清贞，这个"清"，并不是清高自傲，而是清净自守、低调谦虚。中国人自古以来就把谦虚作为人生的最为可贵与美好的道德之一。所谓的谦虚，即虚心而不自满。不自满，便能经常保持一种似乎不足的状态，因而能获得更大的、更多的益处。"谦受益，满招损"，自满将招来祸患，而谦卑则能得到长远的好处。

谦卑是一种低姿态，不仅对一般的人有用，对处于高位的人更为有用。《易经·谦卦》中说："谦尊而光。"即尊者有谦卑的美德，更能使人光明盛大。但凡有作为的人，常用谦卑来培养自己的道德品格与指导人生的方向。

高调的女人，总会是目光的焦点，在人群中你总是一眼就可以看到她那张骄傲的脸。低调的女人，却是生活的焦点，熟悉她的人可以凭借一个背影就将她认出。在大家陷入困境的时候，会想到她；在大家希望分享喜悦的时候，同样会第一个想到她。高傲的女人，像是刺眼的阳光，会灼伤仰头看她的人的眼，而低调的女人却是温柔的月光，会无声息地为晚归的行人照亮回家的路。

A 与 B，是一家销售公司分别负责两个销售组的主管。A 是那种高傲的女人，事事都会争一个最先，她要求自己的下属必须级别分明，而善着装的她也是老板出席各项活动的最佳助手；B

则是那种有些低调的女人，有一次 A 组的新人去 B 组转交文件，见到正在茶水间的她，就直接走过去说："你好，可不可以请你帮忙把这份文件转交给你们主管。"而 B 竟然就笑着答应了一句"好"，直到很久以后才发现她就是主管。不过这两个组的业绩却是一直不相伯仲。然而，在后来的销售总监内部民选中，赢得最多支持率的人却是 B。因为在同事们的心目中，具有亲和力的 B 会比锋芒毕露的 A 要更容易相处，也更懂得作为普通职员的他们的心意。

选择高傲生活方式的女人，在承受众人热烈目光的同时，也需要为维持这种高傲的姿态付出自己的心思。她需要第一时间获取最流行的资讯；她需要每天出门前花超过一个小时的时间来挑选衣服和化妆；为了不成为无脑的美女花瓶，她在工作学业方面也不能放松。但是，太过专注于打点自己的高傲女士，却常常会因为自己的高傲而忽视了身边人的感受，也会因为高傲的外表，而将许多人拒之很远。而高傲最大的副产品，就是你也必须随时准备应对一旦自己遭遇滑铁卢，那些比赞赏更挑剔的鄙夷目光。

选择低调生活的女人，通常都对自己想要什么，有着十分清晰的认识，不会因为没有得到别人的赞赏而郁结。无论是工作还是生活，她们对于周边的人，会保持平和的心境。她们做事情不是那么风风火火，却会保持着自己预计的节奏，有序地向目标前进着。低调的女人，并不等于她就是默默无闻的，在必要的场合，她同样可以绽放出属于自己的光彩。例如，在舞会上赢得了王子目光的灰姑娘，若是王子不是第一眼见到她穿的华衣衬托出的那张单纯的美丽容颜，也许并不会有后来的故事。但是，我们必须承认，低调的生活可以让我们最大可能地避免来自周边的敌意，也可以让我们在关键时刻赢得来自众人的支持。

在现实生活中，很多女人喜欢以一种傲慢的态度待人。尤其是当她们需要被关注的时候，会刻意显现出目中无人的态度。如果说，少许的傲慢带着一点点可爱，还可以被容忍，可以被原谅的话，那么肆无忌惮的傲慢就只能令人生厌。

有句话说："无知者无畏。"这句话在傲慢的人身上能够得到很好的体现。一个无知的人只想表现自己的时候，那种傲慢的态度可以发挥得淋漓尽致。这就是为何有时我们会觉得身边的某个女人很"敢说"，也很"敢做"。不管自己是不是真的了解，不管自己是不是真的拥有高高在上的资本，只是想要将别人狠狠地打压下去。

尤其是那些拥有了某一点优势或者职位的女人，在面对那些比不上自己的女人时，会不自觉地用别人做陪衬，趁机抬高自己。某次，参加饭局。在场的人比较多，男女各半。彼此间相互介绍之后，高调的女人就显出来了。她是一家都市小报的记者，与其他普通公司职员相比，显得个性一些。于是，她便开始大谈自己的工作和经历。有几个好奇的女人很感兴趣，凑过去听，她就更起劲，俨然一个傲慢的演说家，完全不把其他女人放在眼里。看样子，她很享受周围男士共同关注的眼光。期间，不知有谁小声说了一句"骄傲是无知的产物"。声音虽然不大，但所有人都听得真切，场面顿时安静了几秒钟。从这以后，这个女人再也没有开口说话。

女人们都应该明白，傲慢并不是吸引别人目光的手段。因为越是傲慢，就越展现出自己的无知和内心的脆弱。如果保持沉默，也许别人不会看出你的底细；如果硬要装作博学多才的样子，反倒更容易被别人窥探你的真实水平。所以，傲慢的态度丝毫不能起到正面的作用。聪明的女人懂得如何恰到好处地表现自己，是不会盲目地选择傲慢的。

低调谦虚的女人仿佛不起眼，但你会感受到她身上那种平和淡然的优雅和风度。傲慢并不是吸引别人目光的手段。因为越是傲慢，就越展现出自己的无礼和内心的脆弱。

第六章 人伦孝道：始于事亲，终于立身

孝是所有善行的开始，道德的源头，尤其是女人品行、操守的第一要义和首要基础。

至诚恭敬：敬重父母是孝的根本

在中国传统的伦理文化中，"孝"占据了重要地位，深深根植于每个炎黄子孙的心中。

中国人历来提倡"孝"，儒家也以孝"为仁之本"。那什么才算真正的孝呢？

甲骨文中的"孝"，是一个小孩搀着一个长须老人。《尔雅·释训》："善父母为孝。"《说文》曰："孝，善事父母者。"

《孝经》认为，孝有三个层次，"始于事亲，中于事君，终于立身"。三个层次最基础的，就是事亲。所谓事亲者，"居则致其敬，养则致其乐，病则致其忧，丧则致其哀，祭则致其严"，这是所谓的"事亲五致"，"五者备矣，然后能事亲"。居则致其敬，你在家里，对女人而言，在家里能够侍奉父母，出嫁了侍奉公婆。致其敬，这个敬就是恭敬，至诚恭敬心，那就是要依礼而行。孔子说的，什么叫孝？"生事之以礼，死葬之以礼，祭之以礼"，礼是很重要的一种方式，要以礼来敬亲孝亲。光有孝心，不懂礼，那也不能够落实事亲五致。内心是敬意，表现出来必定是合乎礼的。礼，敬而已矣，那是内心有这种至诚恭敬心，才能符合礼的要求，所以居则致其敬。养则致其乐，孝养父母一定要使父母快乐。"病则致其忧"，父母病了，做儿女的，会很忧虑，千方百计将父母的病治好，甚至古人有所谓的割骨疗亲，现代也不乏其人，报道上也有不少关于像捐肾救母，割肝救父的例子，这是病则致其忧。到"丧则致其哀",父母走了,他过世的时候,非常哀痛,丧礼要办得很完备,这都是尽孝。最后,"祭则致其严",到祭祀的日子,至诚祭祀父母,以表自己的哀思。

曾子是个孝子,照顾父母无微不至。不仅早晚问候,而且对他们的衣食冷暖,也倍加关心。陆贾《新语·慎微》记载:"曾子孝于父母,昏定晨省(晚间服侍就寝,早上省视问安),调寒温,适轻重,勉之于糜粥之间,行之于衽席之上,而德美重于后世。"

侍奉父母,保持和颜悦色最难。如果只在遇到事情时,代父母效劳;有好酒肉,让父母享用,这不是孝。《论语·为政篇》:"今之孝者,是谓能养。至于犬马,皆能有养,不敬何以别乎?"只是供养,而不尊敬,那和饲养畜生没任何区别。

行为不恭敬,言辞不谦逊,面色不和顺,即使早起晚睡,辛勤耕作,劳苦事养,也不是孝。

孔子在这里强调了"孝"必须是对父母发自内心的"敬",是一种自觉的伦理意识和道德情感,而不仅仅止于"供养"上,否则就不是真正的"孝"。

"孝"的本义是指由父母对子女的爱而反射出子女对父母的敬爱。孔子强调的"孝"应建立在"敬心"之上。他认为,孝顺父母要真心实意,如果只有物质奉养而无精神慰藉,则与牲畜无异。子女应该关心体贴父母,一般地说,父母进入中年以后,体力和精力都不如从前了。所以,做子女的要多关心体贴父母,尽可能为父母分担家务劳动,自己料理好个人生活,不让父母操心,减轻父母的负担。同时，当子女的还应该经常关心父母的身体健康，嘘寒问暖。当父母生病时，更需要细心照料。父母遇到不称心的事，要体贴父母，热心地为他们分忧解愁。父母年老体弱、丧失劳动能力以后，理应得到子女更多的照顾。子女要在物质上给予父母充分的帮助，更要在精神上关心、体贴父母。

赵善应孝母的故事读来十分令人感动：

赵善应是南宋大臣赵汝愚的父亲，是历史上有名的孝子。一天，母亲突然患了重病，赵善应赶忙去请医生。医生看了老人的病状后，留下两包草药就走了。老人服药以后，病虽然好了，但落下个心悸的病根，一听到打雷或响动，就害怕。一天夜晚，阴云密布，一道闪电过后响起一个炸雷，母亲突然惊叫一声，晕了过去。正在熟睡的赵善应被母亲的惊叫声惊醒，赶忙跑过去叫醒母亲，陪伴母亲直到天明。

此后，一有雷雨，赵善应都披衣而起，走入母亲房间，陪伴母亲。一次，赵善应要出远门，临行前特别嘱咐妻子好好照看母亲，雷雨天一定要陪母亲一起睡觉，见妻子高兴地答应后，赵善应这才放心地走了。

赵善应回来时，正值一个寒冷冬天的夜晚，侍从上前就要敲门，赵善应马上制止说："不要敲门，恐怕惊吓了我的母亲。"侍从赶紧把伸出去的手缩了回来，说："现在深更半夜的，天气又这么冷，不敲门，我们上哪儿去住呀？"赵善应说："没有地方住，也不能敲门。我们就是坐在房檐下挨冷受冻，也不能让我母亲受到惊吓。"侍从听了，很受感动，同意和赵善应一起坐到天明。天明以后，仆人打开大门，才看到房檐下坐着两个冻得浑身发抖的人，仔细一看，原来是"老爷"回来了。身教胜于言教，在赵善应的带动下，全家人都十分友善，儿子赵汝愚等人也都孝敬他们的父母。

孝原本就是没有什么表层道理可讲，因为这是出于人的本性，是一种至情至性、无怨无悔的感情。

社会的发展与变化使"孝"的含义产生了巨大的变化，现代意义上的"孝"，已经不再是传统中的茶足饭饱与衣食无忧，它更多的应该体现在对于父母及老人在精神领域的关怀与照顾，更多的是满足老人对于天伦之乐的追求与向往。其实，现代的"孝"，应该更为简单，它在更多的时候仅仅只体现在工作之余对老人孤独心理的些许承担，或者仅仅是与父母一道吃一次精心准备的晚餐。

时代在变，而老人对于儿女的担心与爱恋却不会变。生活在变，但"儿行千里母担忧"的道理却不会变。所以，我们的"孝"，在现代社会，就是让为人父母的知道，有了儿女，他们便不再孤单；有了父母的牵挂，做儿女的会永远感到幸福。

在南方一座宁静的小城里有一个不大不小的图书馆。图书馆里的一名管理员发现有一位奇怪的老读者，他背驼得厉害，但老读者风雨无阻，几乎天天待在图书馆的报刊阅览室里。老读者每次来到阅览室，翻翻这看看那，看上去毫无目的，纯粹是来消磨时光的。不仅如此，在所有读者中，他总是第一个来，最后一个走。有时读者都走光了，他也不走，天天如此，阅览室管理员对这个读者烦透了，打心眼里烦。管理员越来越看不上这个驼背的老头，他一来她就烦，别的管理员也如此，对他一点也没有好感。有一天偶然发生的一件事，让管理员从此改变了对这位老人的看法。

那天在下班的路上，一位男同事突然问她："你母亲是不是被聘为我爱人那个商场的监督员了？"

管理员愕然道："没听我母亲说过呀。"同事说："我老婆在商场当营业员，她们商场每天开门，迎接的第一个顾客常常是你母亲。而且老人什么也不买，却挨个看柜台，还要问这问那。时间一长，营业员们就以为老人是商场领导雇的监督员，是来监督她们工作的——因为商场领导曾经说过要请监督员。"虽然同事没有说什么，但是她依然听出了那话语中的不友好和厌烦来。

管理员径直回到母亲家，她父亲两年前病故，母亲一个人生活。她把同事所说的事情一说，问母亲是否真的在给人家做监督员。母亲矢口否认："没有这回事呀？他们大概是误会了，我就是闲逛而已。"

她开始数落母亲。孰料，母亲长叹了一声，伤心地说："我们这些老人一天到晚太寂寞了，逛逛商场，消磨一下时间，可时间一长就养成习惯了，一天不去就觉得不得劲儿。要不，你要我干什么呢？"母亲说到这里，垂下花白的头，悄悄地流下了眼泪。

就在一刹那间，管理员突然感到心里酸酸的。母亲有一儿两女，可由于各方面的原因，他们很少来看母亲，更是很少陪在老人身边陪她聊聊天，母亲需要的是排解寂寞和孤独呀！那天管理员没有回家住，而是陪母亲住了一晚，母女俩聊了一晚上。

第二天早上，管理员上班很早，但驼背老人仍然等候在阅览室门前，也不知怎么她心中突然涌起一股柔情，她第一次没有用以前的那种眼光来看这个老人。管理员面带微笑，对他说："早啊，大爷，这么早就来了，来了就进来吧。"

一个笑脸，一声问候并不难，可我们的父母却常常求之若渴而不得！

今天，许多自以为"孝"的人，实际上却把孝道完全形式化、浅薄化了，每月寄点钱，就算完成"任务"了。更有甚者，不仅不把父母放在心上，而且把他们看作一种负担，却对自己的宠物呵护备至，常常挂在心上。这种行为，实际上早已背离孝道了。

孝是人世间高尚的情感，它的作用是完善人的品格，提升人的思想境界，在家庭和社会中追求整体的和谐。

体恤细心：精心侍奉，体贴周道

子女侍奉父母，是一种责任，要时刻惦念在心，对父母进行无微不至的照顾。《女论语》中详细介绍了如何精心的照顾父母："每朝早起，先问安康。寒则烘火，热则扇凉。饥则进食，渴则进汤。"这里面讲的是居家对父母的奉侍。早起自己梳洗完了，看看父母有没有起来，还没有起来，你先准备早餐，父母起来了，去问父母安康，父母昨晚睡得怎么样？那是由衷的，不是一个形式，如果是睡得不好，为什么不好？是不是有蚊子？还是说天气太热了，太冷了，棉被不够？等等，问明原因，加以解决，这都是你细心去体恤父母的需要。如果是寒冷了，要烘火，热则捐凉，这是讲到"冬则温，夏则清"。以前烘火，现在可以用暖气取而代之，捐凉，用空调取而代之，这个方式有变化，但是精神是一样的。

在孔子看来，为人子女，除了养、敬之外，还要心系父母。《论语·里仁篇》说："父母之年，不可不知也，一则以喜，一则以惧。"随着我们的慢慢成长，父母却在渐渐衰老。这时，我们更应该重视他们。父母高寿，我们在欣喜的同时，还应感到恐惧。父母年迈的身体，随时可能生病，也随时可能走到生命尽头。

前段时间，网络上疯转《你陪我长大，我陪你变老》的演讲视频，这是北大女学生发自内心的肺腑之言，呼吁社会上的所有儿女们，来关注和陪伴我们的父母，可是，有多少人能做到，陪着父母一起慢慢变老呢？作为儿女，对于刚毕业的，可能刚刚参加工作，为了让父母过上更好更优越的生活，而在外面拼搏奋斗着，能够一年回家一次两次的也已经不错了。对于已婚的，因为有了自己的家庭，生活的压力，不辞辛苦的赚钱，养家糊口，忙碌的生活，甚至会让他们短暂的忘记父母的存在，有时候电话都难得打一个，这就是所谓当今社会空巢老人的孤独和寂寞。

叶子是个音乐制作人。正当她步入事业的成熟期，忙碌于一部新专辑制作的时候，突然接到母亲打来的电话，说父亲病危，让她赶紧回家。

叶子立即放下所有的工作，坐飞机赶回老家。她原本以为能见到父亲的最后一面，心里想着，父亲也许病得很严重或者正在抢救当中。没想到等她踏进家门以后，母亲却告诉她，她的父亲已经走了。叶子突然之间接受不了这个事实，陷入极度的悲痛中不能自拔。

父亲从小到大都很疼她，视她为掌上明珠。父女俩的关系也一直很好，直到叶子做出一个在父亲看来很不切实际，而且很荒谬的选择——叶子要以音乐为职业，想做个出色的音乐人。

叶子的父母都是普通的工人，家境很一般，而且叶子长得也不是很出众的那一种。父亲认为把音乐当成一种业余爱好是可以的，可作为职业对女儿来说那是不切实际的行为，认为她的选择太幼稚。一直以来都坚决反对，想让她找份儿像会计、护士这一类大众化的职业。

　　而叶子继承了父亲固执的性格，却没有继承他古板的思想。她开始出入酒吧，靠唱歌挣钱养活自己，并执著地从事着音乐创作。一直忙碌于对音乐的追求中，她甚至很少回家看望父母。她想让自己做出优异的成绩，证明给父亲看，他女儿的选择是正确的。

　　叶子做梦也没想到，父亲竟然在她即将奔向成功的那一刻，永远地离开了她。突然间，她失去了奋斗的目标，失去了驱使自己前进的动力。她后悔自己太自私、太任性了，甚至在父亲要走的最后一刻都没有陪在他身边。父亲的离开给叶子敲响了警钟，忽然之间，她发现母亲已经那么苍老了，她真的醒悟了，自己不能再忽略了母亲。她把母亲接到了自己身边，好好孝敬她，珍惜母女俩共处的每一段时光。

　　常回家看看吧，不要让自己等到失去了再后悔。有父母在，你就是个有人牵挂，有人疼爱的孩子，就是一个宝。珍惜每一次与父母相聚的时光吧，多陪陪他们，哪怕是给他们一个开心的笑脸，一句温暖的问候，他们都会感到很满足。他们期望的不是大富大贵的显赫，而是合家团聚，其乐融融的天伦之乐。如果等父母不在，你有再多的时间和金钱也不能孝敬他们，这真是人生的一大悲哀，是人生永远没办法弥补的痛。所以，尽孝要及早，不要给自己和父母留下遗憾。

　　只要有父母亲在，身后就总是有两双慈爱亲切的目光关注着你，关心你的工作顺不顺利，生活过得好不好。你只要有一点情况，立刻就会得到他们无条件的支持和无私的援助，时时让我们享受到父母的恩情和付出。我们可以听到他们的唠叨，那不断的唠叨里，有他们对当年的经验之谈，有对你现在任性的批评与规劝。也许，就是那些令人听腻了的唠叨，让我们学会了走好自己的人生之路。

只要父母健在，我们就可以尽孝尽责。要是能与父母住在一起，就多出力；要是不在一起，就多尽心。打个电话问候一下，在视频上聊聊天，寄点儿钱或者买些父母喜欢的物品，但最好的还是常回家看看。父母欣慰，我们开心，那才是一种天伦之乐，是一种特别的幸福。

就像陈红的歌里唱的："找点空闲，找点时间，领着孩子常回家看看；带上笑容，带上祝愿，陪同爱人常回家看看；妈妈准备了一些唠叨，爸爸张罗了一桌好饭；生活的烦恼跟妈妈说说，工作的事情向爸爸谈谈。常回家看看，回家看看，哪怕给妈妈刷刷筷子洗洗碗，老人不图儿女为家做多大贡献，一辈子不容易就图个团团圆圆。常回家看看回家看看，哪怕给爸爸捶捶后背揉揉肩，老人不图儿女为家做多大贡献，一辈子总操心只图个平平安安。"

常回家看看吧，父母都健在，是一种多么大的幸福！我们做儿女的，都要珍惜父母健在的好时光。不要说自己工作忙，不要说自己没时间，认真地尽心尽力，使父母健康快乐。不要为自己留下终生遗憾！

用小沈阳的一句话说，人这一辈子啊，眼睛一闭一睁一天过去了，一闭不睁一辈子过去了。人生是很短暂的，不要将尽孝道变成永远的"未来时"和"未完成时"。

也许很多人都会有这样的感觉：虽然和父母同住一个城市，但由于事情太多，老是抽不出时间回家。总觉得走到哪里也是父母的孩子，他们总在那个老家守候着，回家多一回少一回无所谓。某一天听到某首歌，突然间醒悟过来了。感到父母亲的牵挂是那样的纯洁、无私和默然，如夜晚天空中的明月，柔静地照耀在儿女们的心中。于是，回家的时候，站在门外，总感到内疚，像一个做了坏事的孩子将见到大人那样，心里忐忑不安，总好像谁在责备着自己。敲门的时候，猜想着父母正在家做什么事。进了家门，看到父亲缕缕花白的头发，母亲渐渐苍老的脸，就会有一种心痛的感觉。

子欲孝而亲不在，这种巨大的遗憾还继续发生在很多人身上。如果你还幸福地拥有父母之爱，那么，请别忘了抽出你的百忙时间，常回家看看，听听妈妈的唠叨，跟爸爸谈谈工作……

尽孝是什么？尽孝就是陪着父母，就像他们曾经陪伴我们一样，不离不弃，他们陪我们长大，我们陪他们变老！

敬听教诲：父母责，须敬听

传承千年的中国传统经典《弟子规》中说："父母呼，应勿缓；父母命，行勿懒；父母教，须敬听；父母责，须顺承。"这是讲做子女的应该用什么样的态度来面对父母的教诲与责备。

《女论语》事父母一章中也有类似的话："父母检责，不得慌忙。近前听取，早夜思量。若有不是，改过从长。"

父母在呵责的时候，往往是自己有过失，不可以慌慌忙忙。"近前听取，早夜思量"，那就是去恭恭敬敬地听取父母的教诫，有则改之，无则加勉。如果自己有过错，父母批评了，那我们应该尽快改正，不可以有逆反的心，也不应该辩驳。如果是强词夺理辩驳，那就是有违孝道。即使是父母批评错了，也不需要去辩驳，"父母责，须敬听"，我们恭恭敬敬地听取。如果是没有这个过失，我们以后注意不要犯这个错误。要及早来思量，这"早夜思量"，早晚都反省，就是曾子"吾日三省吾身"，圣贤之所以能成就，就是因为天天反省改过。

父母在我们身边，能够提醒我们，他们是我们的老师。在这个世界上，只有两种人会毫不隐瞒的批评我们，那就是父母和老师，这两种人是大恩人。如果没有人提醒我们，没有人来批评我们的过错，那我们的过错可能一生都不能够发现，更不要说改过。有人能够发现我们的过失，给我们提出来，帮助我们改，让我们以后不要再犯同样的过失，这不就是对我们的恩德吗？怎么能够对父母有逆反的心？

　　所以"若有不是，改过从长"。"不是"是自己真的有过错，贵在能改。"改过从长"，那你能改过，这就是你的长处。过则勿惮改，知耻近乎勇。人的这种勇猛心，就体现在他能不能够对自己的过错勇于改正，他不是对外面的人有多勇，而是对自己的过错。

　　《女论语》中还说："父母言语，莫作寻常。遵依教训，不可强良。若有不谙，借问无妨。"这一段就是讲"父母教，须敬听"。父母讲的话，是父母的教诲，"莫作寻常"看待，这是老人言，不可忽略，要认真对待。不听老人言，吃亏在眼前。俗话讲，老人走的桥，比我们走的路还多，他见的世面多，他有人生的经验，所以他对我们讲的话，哪怕是好像非常轻描淡写的说过，我们都要认真地去领受。

　　在成长的过程中，父母真的是最重要的老师，做儿女的要有这种好学的心，不可以傲慢，不要觉得父母又不懂计算机，现代这些科技也不懂，甚至可能连用手机发信息也不会，就看不起父母，结果浪费了很好的学习机会。

　　"尊依教训，不可强良"，这个强良就是极度的自以为是、任性、蛮横无理，这是强良，那是一种非常不好的心态。要把这种强良心态放下，有一种恭顺的心态来对父母的教训，去接受，去依教奉行，最后，得利益的是自己。

　　"若有不谙，借问无妨"，这谙是熟悉，如果有不熟悉、不明白的地方，可以从容向父母请问。有问题应该问，君子九思里面有一条是"疑思问"，有疑难，应该想到去问，问老师，问父母，问在行的人，自己能够少走弯路。

但是，在现实社会中，许多人却总是嫌弃父母的唠叨，认为他们已经跟不上时代了，还老是对自己唠叨这个、唠叨那个，真是烦死了。

具备这种心理的人，建议你读一读下面这篇文章，你会发现，父母的唠叨其实是一种爱，一种发自内心的爱。

母亲的唠叨是出了名的。

母亲曾自诩，她是一个很好的饲养员，她的责任就是把一家人喂养得饱饱的，尽可能地吃好。于是，母亲的话大多与吃有关。每天买菜前，母亲总要征求大家的意见：是吃鱼还是吃肉？是要黄瓜还是要番茄？好多时候不吃含碘的东西了，要不要买些海带？菜买回来了，母亲紧接着又是一番询问："鱼是要红烧还是清蒸？黄瓜是要清炒还是凉拌？"一天如此，自感母亲的体贴入微，可一年365天天天如此，多少也有些烦了。尤其是有时我一个人在家，母亲会一天从单位里打来四五个电话，一会儿催我吃西瓜，一会儿又要我午睡片刻，惹得我对着电话不得不说："妈，你少唠叨几句行不行？"

母亲的唠叨，不仅涉及吃的方面，在学习、生活上也同样频繁。记得有一次，我考试考得不好，母亲自然有话："我看你这段日子就是不刻苦，花多少力气就有多少成绩……"母亲从我学习上的松松垮垮一直说到平时不做家务，按她的话说："一切都是相同的，归根到底，你就是一个'懒'。"母亲自是为我好，想敲醒我，然而，听多了，尤其是在气头上，我却觉得好烦。我必须到外地去，不仅是为了学会独立地生活、做人，而且还包括躲避母亲的唠叨。

于是，有一天，我对母亲说："妈，我想考到北京去。"

"什么？"她似乎没听清。

"我想考到北京去。"我又重复了一遍。

"北京？非去不可吗？"母亲抬高了声音。

"这倒不是。"我开始寻找理由，"北京的气氛好，文化底气足。"

母亲沉默了。半晌，她似乎想通了："好吧，你要去就去，我跟你一块儿去。我租间房子，打打工，烧饭给你吃，帮你洗洗衣服，还可以在北京玩玩。"母亲又开始唠叨了，而我忽然有种想落泪的感觉。一直都觉得母亲烦，嫌她唠叨，可是母亲的唠叨早已成为我生命中的一部分。从小到大，就是在这唠叨中，我开始牙牙学语，开始蹒跚走路，开始慢慢地长大。抬头，我看了看母亲，母亲真的老了，虽然比以前胖了，但皱纹却一天天地多了起来。有时一起出去逛街，没走多少路，母亲就会喊脚痛，走不动了。忽然间我想，从二十几岁到四十几岁，母亲就这样一直忙了整整20年，天天如此。或许母亲年纪越大越怕自己照顾我们不够多，不够周到，所以开始唠叨，一直唠叨。

今后，或许我还会嫌母亲烦，还会到北京去。但是，我想我永远都无法躲避母亲的唠叨。因为，它在我心中，在我生命里，像一张网，永远地包围着我，很沉，很累，然而却又那么令人眷恋。

大家一定要记住，能听到父母的教诲与唠叨，其实是自己的一种福气。

父母永远是我们的精神靠山。不要嫌弃父母的唠叨，那是世界上最动听的声音，是父母对我们最真诚的爱。

孝顺公婆：像对待父母一样对待公婆

孝顺公婆是一种美德。在我国历史悠久的传统文化中，孝文化是它的一个重要组成部分。中华民族是个重亲情、崇孝道的民族，孝敬老人一直被人们视为传统美德。自古以来，也一直流传着很多孝顺儿媳的故事。

明朝时，燕王造反。有个姓储名福的，不顺从燕王的反叛，于是痛哭着不吃东西，尽忠而死。他的老婆姓范，很孝顺婆婆。她哭丈夫的时候，每每独自跑到山谷里去放声大哭，因为恐怕婆婆听见了心里难过。她守节尽孝的行为，让邻舍个个称赞。由于家里非常穷苦，几乎连生活也不能够维持。有一天，她到溪水边去洗衣，看见溪旁长着蔗草，就把它采下来织成了席子卖给别人。她用卖席子的钱来养活婆婆。后来婆婆死了，她就在坟旁守墓。一直活到了八十几岁才死。

丈夫去世婆婆家里贫穷，她处境很窘迫了，她的悲伤难以诉说。痛哭丈夫不敢让婆婆听见，她的内心更是痛苦，她的遭遇值得同情。到了采摘席草编织席子来孝养婆婆，婆婆去世了住在茅棚里守墓。这样的儿媳妇，可以说是天下人的典范。

但是，在现实社会中，不知你是否听到过三三两两的儿媳妇在切磋如何对付公婆的办法。那种认真劲儿着实让人感到吃惊，难道公婆真是她们的天敌？难道她们将来就不做婆婆了？

当很多女人在为与公婆之间的关系难处而为难时，而一些孝顺公婆的女人则用自己的实际行动证明，其实处理好与公婆之间的关系并不难。只要你能孝顺公婆，对他们做到尊重、礼貌、善待、热情、关心，那么，保证你们一家人的生活是幸幸福福的。

从家庭幸福的角度来说，你孝顺公婆，公婆就会打心眼里喜欢你。你孝顺公婆，丈夫就会从内心深处感激你！可以说，孝顺公婆是维持家庭和谐幸福的保证。

家有好媳妇，如有一块"宝"！在龙山区南康街龙泰社区就有这么一块"宝"，她便是十几年如一日伺候多病公婆的付国宏，她的故事在邻里坊间传就了一段好媳妇的佳话。

只要提起付国宏，邻居们就打开了话匣子："她可真是一个孝敬公婆的好媳妇，十几年如一日伺候多病的公婆，从无怨言，比老两口的亲闺女还亲！"

付国宏家老少三代同住在一个仅仅60平方米的房子里，虽然条件艰苦，却没能阻挡她的一片孝心。付国宏虽然没泣天感地的事迹，没有感人肺腑的语言，只是一个最普通的家庭妇女，但她却能把"孝顺"二字深深地刻在自己的人生字典里，抒写着中国最传统最朴实的美德。

付国宏的公公70岁，患有脑血栓七年之久，生活不能自理；婆婆68岁，患有糖尿病11年，高血压20余年，患病后眼睛视物不清、脚痛，又出现了气短、心脏心率过速等疾病。病来如山倒，病去如抽丝。从此付国宏担起了照顾公婆的重任。她用一颗孝心为公婆撑起了一片天空。这么多年来，为了增加老人的食欲，她钻研饮食，换着花样做，尽量做得可口，让公婆吃得舒心；对于自己的生活，她总算计着每一分钱花，就是为了省下钱给公婆买补品。人们常说，久病床前无孝子，但付国宏这些年来无论大事小事都是随着老人的性子，从不惹老人生气；公婆的房间总是干干净净，房内无任何异味，身上从未发生过湿疹。公婆经常会说："我这个媳妇啊，比亲姑娘还贴心啊！"付国宏不仅在生活上对公婆照顾得无微不至，在精神上也给老人很大的帮助。公婆常常担心自己年老多病的身体成为子女的负担，付国宏为了消除公婆的顾虑，到处收集关于老年人心理健康问题的书籍，利用一切时间与公婆谈心，让他们在沟通中逐渐消除顾虑。当有人问付国宏为什么要对公婆这么好？她说："家有老，胜过宝。老人为子女操劳了一辈子、辛苦了一辈子，照顾老人是我们儿女理所应当做的！"

由于多年生活不规律、劳累过度，付国宏被确诊患上了乳腺病。这对于本就不是富裕的家庭来说简直就是雪上加霜。残酷的现实不知让她熬过了多少个不眠之夜。为了不让公婆担心，付国宏每天强装笑颜，总是做出一副若无其事的样子，泪水只能在晚上独自一个人往肚子里咽。有人说她付出的太多了，可她却不这么想，她认为人活着要对得起自己的良心！

作为媳妇，要做到尽善尽美的"孝顺"是不容易的，付国宏用心去做、用心付出，对待公婆像对待自己的父母一样，实在是很难得很可贵啊。这样的媳妇，人人都会夸奖她好的，她的公婆也会心满意足的，她的老公也会更爱她，他们的家庭才能称得上是真正的幸福家庭。

身为女人，身为儿媳，我们都应该做善良的人、有孝心的人，用爱心、诚心、感恩的心去关爱自己的公婆，尽我们的最大所能让他们安享晚年，无论是身体健康还是疾病困扰，我们都应该对他们不离不弃，永远做到用爱自己父母的心，去爱他们！

俗语说得好："家有一老，如有一宝"。所以说，家里有老人是一件很幸福的事情。一个好媳妇，一个好女人，对待公婆的态度应该是尊敬、爱戴、体贴、容忍、细心、善良、理解。百善孝为先，这是中国最传统的美德，也是塑造女人修养的一大特点。希望结婚了的女人都能珍惜自己的家庭，珍惜自己的幸福，珍惜身边每一个人，做个孝顺公婆的好媳妇。

爱丈夫，也要爱丈夫的父母。如果没有他的父母，又怎么会有你的另一半呢？对方的父母也许只是普通人，但是他们养育了这么好的一个孩子做你的另一半，可以和你相伴终生！

第七章 恩爱相因：白头之约，相亲相敬

婚姻好比是一棵树，需要阳光，水分和养料，需要女人用心去呵护与培育，才能让它茁壮成长，常绿常新。

珍惜缘分：珍惜才能拥有，付出才能长久

结发为夫妻，恩爱两不疑。

欢娱在今夕，嬿婉及良时。

征夫怀远路，起视夜何其？

参辰皆已没，去去从此辞。

行役在战场，相见未有期。

握手一长叹，泪为生别滋。

努力爱春华，莫忘欢乐时。

生当复来归，死当长相思。

这是汉代苏武的一首乐府诗《结发夫妻》。"结发"的原意是："始成人也，谓男年二十，女年十五，时取笄冠为义也。"古时候，不论男女都要蓄留长发的，等他们长到一定的年龄，要为他们举行一次"成人礼"的仪式。男行冠礼，就是把头发盘成发髻，谓之"结发"，然后再戴上帽子，在《说文》里：冠，弁冕之总名也。谓之成人。在《礼记·曲礼上》记有：男子二十冠而字。意思是，举行冠礼，并赐以字。冠岁，意思就是男子二十岁了，说明他刚刚到了成人年龄，二十岁也称"弱冠之年"。

我们国家有许多地区把未成年的女子称"丫头"，在古人写的许多小说里也可以看到这个称呼。另外在旧时也有称"丫头"是大户人家的婢女丫鬟。"丫头"也含有亲昵的成分，有长辈们

笑着这样称喊晚辈的："你个死丫头，连一点小事也做不好！"在古时候，丫头的真正意思是指女子的一种头发梳理样式，这在今天的电影和电视里常常可以看到，譬如在电影《红楼梦》里侍奉主人的丫鬟们的发型样式，把头发分别梳成左右对称的双髻翘在头顶上，就像是个分叉的丫字那样，古代程宗洛的《扬州竹枝词》里有：巧髻新盘两鬓分，衣装百蝶薄棉温。等到女子长到十五岁，就会给她行笄礼，也就是"笄簪子礼"，指的是女子十五岁谓之成年。笄字：本义，古代盘头发或别住帽子用的簪子，意即此时可以头发盘起来，然后再用"笄"簪好，古时谓之"及笄之年"。男女到了成人的年龄，按古代的说法也就是指他们可以结婚成家了。

古人在进行冠礼和笄礼的时候，是非常庄重严肃的事情。之所以有"结发妻"这个词，意思指原配妻子。结发又称束发，古代男子自成童开始束发，因以指初成年。结发又含有成婚的意思，成婚之夕，男左女右共髻束发，故称。一对新夫妻在洞房花烛之夜时："交丝结龙凤，镂彩结云霞，一寸同心缕，百年长命花。"意思是：两个新人就床而坐，男左女右，各自剪下自己的一绺头发，然后再把这两缕长发相互绾结缠绕起来，以誓结发同心、爱情永恒、生死相依，永不分离。古往今来，虽有那"一寸同心缕"绾结同心和"百年长命花"的美好想往，然世事多舛，生活里难免会有像古时候的闺怨词里说的那样：本是结发的欢娱，怎做了彻骨儿相思？女人们总是把她们的爱情期盼、美好心愿都小心翼翼地缠绕到发丝里，拥有满头乌黑闪亮的秀发，再加上她们巧手梳理的发型样式，在一定意义上讲，那是赢得爱情幸福的期盼和保证。

在这"结发"词里用的"结"字是最蕴涵妙意的，在今天，我们每个家庭的客厅里大概都会悬挂着几个"中国结"，在新婚的洞房里也会看到火红色的"同心结"。结字的意思含有牢固、结合、结伴。古时候，"结"通"髻"，意思是总发。髻，挽发而结之于顶。唐代女诗人晁采写有一首《子夜歌》："侬既剪云鬟，郎亦分丝发。觅向无人处，绾作同心结。"在古时候，新婚洞房里妻子头上盘着的发髻，她自己不能解，在古籍《仪礼·士昏礼》中记载着："主人入室，亲脱妇之缨。"意思是只有丈夫才能来解开盘着的发髻，然后相拥相抱、恩爱缠绵、如胶似漆。后来，人们就称首次结婚的男女为"结发夫妻"。

我国汉代时期，那时候举行葬仪有这样一个风俗，如果结发妻因故早逝，做丈夫的就会把他们结婚时用的梳子掰开分为两半，在上面还留存着妻的青发几缕，把另外一半随葬入棺，以表示生生不忘结发之妻，纪念结发之恩爱情深。在《玉台新咏·古诗为焦仲卿妻作》里写有："结发同枕席，黄泉共为友。"虽然这首诗写的是以封建家长制度为背景的悲剧故事。那时候彼此相爱的情人，如果女子们把她自己的一缕青丝送给男子作定情物，则形同她已经把身体交给男子那样的重要信物了。

夫妻是人伦之中最关键的一伦，在五伦关系中，夫妻关系是非常重要的。《周易·说卦传》里说道："有天地然后有夫妇，有夫妇然后有父子，有父子然后有君臣，有君臣然后有上下，有上下然后礼有所措。夫妇之道，不可以不久也。"这段文字说明夫妻是人类的起源，有了夫妇才有了五种人伦关系，才有了整个社会。

在现代社会中，夫妻关系是大家最关注的一个话题。现在的离婚率非常高，如何处理夫妻关系呢？都是"仁者见仁、智者见智"各说一词，大家可能没有找到问题的根本。那么问题的根本是什么呢？关键就在，你是否懂得珍惜婚姻，是否愿意为家庭付出。

不知你是否发现？在我们身边，总有这样一群女人：有强烈的家庭责任感，不计代价地为家庭付出是她们的天性。她们总有做不完的家务，总是不停地做了这件事做那件事。她们一刻也闲不下来，即使坐下来休息一会，她们也在想还有什么事需要处理。她们整天忙里忙外，把家里布置得干净而温馨，从而创造出一个舒适的居家环境。除此之外，她们还要照顾孩子、伺候老公、孝敬老人等，她们需要做的事情数也数不清，做也做不完。她们完全把自己融入家庭，融入对方，即使很累很累，她们也会乐呵呵的，感到得意和满足。这样的女人是无私的，这样的女人才是懂得珍惜婚姻、懂得为家庭付出的幸福女人！

当然，在我们身边，也有不少女人，不懂得珍惜婚姻，不懂得为家庭付出，她们认为目前的一切所得都是理所当然的，所以，她们不会在乎丈夫的劳累和辛苦，不会体贴和关心丈夫，不会细心教育孩子，更不会去照顾不是亲生自己的公婆。家庭，对于她们来说，只是一个概念而已，家庭需要她们付出时，她们会觉得委屈，觉得不公，这样的家庭会长久吗？

珍惜婚姻，懂得为家庭付出，你才能获得家人的认可，并从中感受到自己的价值。拥有一个幸福的家庭其实并不容易，尤其是幸福到白头偕老更难。拥有幸福的家庭需要珍惜和付出。一个家庭，丈夫有丈夫的责任，妻子有妻子的职责，两个人的脑子里时刻抱着"珍惜婚姻、为家庭付出"这个想法，才能过得幸福、过得甜美。

下面给大家讲一讲茵茵的故事：

茵茵和翔恋爱三年，到了谈婚论嫁的年龄，翔便带她去见居住在另一座城市的父母。由于翔相貌英俊，又工作出色，而茵茵却看起来相貌平平，个子又矮，又是毫无家庭背景的农村女孩，因此，翔的父母坚决反对他们两个结合。为了让儿子和茵茵分手，翔的父母还特意为他物色了一个漂亮女孩。但翔深爱着茵茵，无论如何不愿与她分开，任父母数次找上门来，迫使他与茵茵一刀两断，他都没同意。无奈之下，翔的父母只好和儿子搞起了冷战。

翔和茵茵是真心相爱的，虽然翔的父母强烈反对，但他们还是像夫妻一样如胶似漆地住在了一起。茵茵很珍惜这来之不易的感情，不但工作努力，而且对翔恩爱有加。同居的日子非常甜蜜，很快，茵茵怀孕了。为了把孩子生下来，茵茵辞了工作，做起了家庭妇女。茵茵曾在职场上有过作为，放弃工作绝不是她的本意。但在家庭经济条件尚能维持普通的生活水平的情况下，她选择了放弃工作，默默地为"家庭"付出，实为可贵。茵茵穿着朴素，花钱节俭，尽量让日子过得平安幸福。好在翔工作虽然辛苦，但收入还不算太低，一个人赚的钱能够满足"一家人"的基本生活需要，在茵茵的精打细算下还有节余。

儿子出生后，茵茵在家照看孩子，她说："孩子小时候需要母亲比较多，我非常情愿，尽管暂时放下了工作，但这个代价也不算大！我很顾'家'，我觉得有稳定的家庭关系比较有安全感。"平时，茵茵除了照顾孩子外，还要买菜、做饭、洗衣服、拖地等，为了家庭几乎失去了自我的时间和空间，但她毫无怨言，反而深感幸福。

儿子一岁的时候，翔的父亲得了一场重病，翔便带着茵茵回家看望父亲。住院期间，茵茵和翔的母亲一起在医院细心照顾翔的父亲。茵茵一点不计较前嫌，她是那样孝顺，那样体贴，那样贤惠，那样温和，翔的父亲才明白为什么当初儿子舍不得离开她。

翔的父亲病好后，父母拿出了五万元，说是给茵茵的结婚聘礼，让他们择日举行婚礼。得到公婆认可的茵茵倍感幸福，她激动地说："我会好好珍惜和翔的情感，好好珍惜来之不易的家庭生活，我会心甘情愿地为家庭的幸福付出自己的时间和精力。"

以上这个事例说明：珍惜才能拥有，付出才能长久。假若茵茵不珍惜和翔之间的缘分，不珍惜他们在一起的生活，不珍惜他们所建立起来的"家庭"，不懂得为"家庭"付出自己的时间、精力、心思，或许他们两个早就在翔的父母的反对下分手了。正是因为茵茵懂得珍惜，懂得付出，她才能得到翔的真爱，得以和翔组建"家庭"，并最终得到公婆的认可。

我们常说："相爱容易，相守难"。难就难在有的人不懂得珍惜两个人之间的缘分与感情，不懂得珍惜在一起的生活，不愿意心甘情愿为家庭付出。一个不懂得珍惜的人，能一直拥有自己得到的东西吗？一个不懂得付出的人，能和自己相爱的人天长地久吗？显然不能！

家庭是社会的细胞，是人生的港湾，是亲情的乐园，是幸福的聚集地。没有家庭的团结，就没有社会的和谐；没有家庭的温暖，就没有遮风挡雨的空间；没有温馨的情感，也就没有人生的甘甜和美好。因此，为了永远拥有一个幸福的家庭，珍惜它并为之付出吧！

一个懂得珍惜婚姻、懂得为家庭付出的女人是幸福的，这样的女人才能为家庭的幸福、美满、稳定而不辞劳苦，才能得到丈夫长久的爱，才能建立和维持家的幸福、温暖、和睦、平安。

相敬如宾：把尊重放在第一位

春秋时期晋国有一个人叫郤缺，他去田里耕种，妻子就在家里做饭。农活比较忙时，妻子就会把饭菜送到田里。因为田里也没有桌子，她会双手把饭捧过去递给丈夫，非常的恭敬。郤缺也会和颜悦色地接受。这时晋国大夫白季路过，刚好看到了这个情形，他回去就对君上晋文公说："他们夫妻间的恭敬感觉就像天地那么祥和。一个人能够在没有其他人的时候也这样恭敬，必定是非常有道德的，他有这样的德行，对治理百姓一定有好的办法，所以请君上好好地任用他。"

通过大夫白季的举荐，郤缺做了三军中的下军大夫。后来在箕地打仗，他捉住了白狄国的国君，晋襄公提升他做了公卿，把冀邑这块地赐给他们。

郤缺夫妇各自的本位都守得特别好，能够有相敬如宾的祥和氛围，演出了天地的德行。"相敬如宾"的典故就是从这儿来的。

我们想想，妻子双手把饭恭恭敬敬地捧到丈夫面前，劳作了半天的先生也比较饿了，看到妻子这样，能不感恩吗？假如丈夫说："我都累成这样了，你怎么这么晚才来？你怎么没有中间给我送点儿水喝？"那夫妻之间就是另一种氛围了。所以说，君子"动而世为天下道，言而世为天下则"，古人的一行一言全部都是可以被天下作为法则而奉行的。

《易经》里面六十四卦，唯有一卦叫"六爻皆吉"，就是六个爻全是吉的，没有凶的，这就是谦卦。这个谦卦是什么？地山谦，讲山在地之下。山本来在大地之上，怎么到地下了？表示谦卑。明明是高高在上的，现在我反而谦下。古人本来看女子是这一家中最重要的角色，可以高高在上，但是现在反倒谦卑，把丈夫推上前。

夫妻双方应该都这样互敬互爱，都是把别人推到最顶上，自己谦卑下来，互相都把别人推到上位，都恭敬，相敬如宾，这一种婚姻才是最美好的。

东汉时有一对夫妻，丈夫叫梁鸿，妻子叫孟光。每当丈夫梁鸿回家时，妻子孟光就托着放有饭菜的盘子，恭恭敬敬地送到丈夫面前。为了表示对丈夫的尊敬，妻子不敢仰视丈夫的脸，总是把盘子托得跟眉毛齐平，丈夫也总是彬彬有礼地用双手接过盘子。这便是"举案齐眉"的由来。梁鸿和孟光这对夫妻相互尊敬、和和美美，确实让人羡慕。

在婚姻中，也许我们做不到举案齐眉、相敬如宾，但彼此间相互尊重还是必要的。

当男人爱上女人的时候，会说，女人是他的全部。在一些新婚闹洞房的环节里，朋友们也喜欢让新郎当着大家的面答应，以后家里国家大事他做主，钱财家事这些小事新娘做主。这是应景的诺言，也是对爱人的尊重，可若是有女人将此作为地位的宣言，那么她将会为这个错误付出代价。因为，两个人在一起的生活，都是以平等与互相尊重作为基础的。

周六的晚上，在家看电视剧的凌子迎来了一位不速之客。她的闺蜜罗拉一脸泪容地出现在她家门口，进门后抱着她号啕大哭，说要跟男友小郭分手。因为他一点都不尊重她，竟然当着他朋友的面说她无理取闹。在她哭哭啼啼的叙述里，凌子总算弄清了事情的原委。原来，本来预计明天返回的罗拉，为了给男友一个惊喜，所以改了机票提前返回。结果到家的时候，发现她上飞机前，在电话里应承她在家看电视的男友，其实约了一帮朋友在家里看球赛，而整个家被弄得乱七八糟。她进屋后，就直接质问了他为什么要骗他？却只得到一句"无理取闹"。

等哭累了的罗拉睡去后，凌子离开家去找小郭。她到的时候，小郭正在收拾家里的一片狼藉。不过对于罗拉，他只是无奈地摇摇头，表示他不会去追回她了。他说仍然很爱她，但是这种不被尊重的生活，他觉得无法继续下去了。从相爱到现在，罗拉总是自顾自地决定他的一切，甚至连他该见哪一个朋友，都要听从她的意见。

除去爱情，他也需要有自己的生活。其实，他们一直都是轮流到朋友家看球，但是因为顾忌罗拉，所以从来没有人提过到他家。这次，因为罗拉不在家，他们才愿意到他家来一起看球。而他自己也打算好了，等明天罗拉按计划返回前，将一切恢复原样。没想到罗拉竟然会提前返回，而且当着他朋友的面前，发那么大的脾气。

翌日，罗拉醒来后，凌子在早餐时问罗拉是否真的考虑好感情问题了。

罗拉依然一脸强硬地回答，说这次小郭怎么哄她也都不会回心转意了。

凌子顺着她的话，答道："对啊，那样懦弱的男人，不要也罢。认识这么久，完全没有一点主见，从来都只会跟在你背后转。"

听到这里，罗拉不高兴了。她开始为小郭辩解，说那都是因为他爱她，尊重她。

而凌子则追问了罗拉一句："那么你爱他，你尊重他了吗？"

罗拉一时语塞。她脑海里飞快地回转自己与小郭在一起的这几年里，因为自己的蛮横而给他造成的麻烦，想起自己总是拉着并不愿意参加聚会的他参与她朋友的聚会，却总对小郭同球友们的聚会嗤之以鼻。她很快跟凌子告别说要回家了。

在我们斥责男人大男子主义的同时，女人们的"女皇姿态"也开始走向另一个极端。恃宠而骄的女人，习惯性地以自己为中心来安排自己另一半的全部生活。这种骄纵的感情，在热恋期间也许可以为感情增加调剂，但是当生活进入平淡时，这种姿态也会加快感情的裂痕。

夫妻相处，互相尊重，这是谁都懂的道理，可是具体到婚姻生活中，有多少太太能领悟它的内涵并切实做到呢？对待丈夫，做不到"尊重"二字，你还能留住他的心吗？

在一次同学的婚礼宴席上，婷婷和邻座的另一位同学小华私聊，小华说老公有了外遇，向她提出离婚，让她死也想不通的是老公怎么会看上那个女孩，那个"第三者"不论哪一方面都比不上她，尤其是容貌，和她相比差远了。于是，婷婷追问她："你平日里对老公如何？"小华说："对他太好了，我相信这个世界上再也没有像我一样对他好的女人了。""那他为什么还要这样？""我也不知道，他总说自己像个被囚禁的隐形人一样。""他为什么这样说？""他常常苦恼地说我不给他面子，待他的好哥们不友好；说我无视他的存在，有什么事都自己做主，从来不和他商量，对于他的想法和意见，也从来不重视；他爱踢足球，每个周日的下午都去体育场踢足球，我很想让他在家陪我，就反对他踢足球，他说我干涉他的业余生活；他还说我让他丢脸，其实我只不过是在别人夸他的时候提了他几条不是……"小华一下子说了很多，好像说不完似的。婷婷赶快阻止她："打住！打住！"婷婷说："我已经知道了他为什么有外遇。"小华瞪大了双眼："为什么？""因为你一点都不尊重他，让他感觉自己一点都不重要，让他感觉很没有男人的尊严。""那我还有挽回的余地吗？""有，回家向他道个歉，并保证以后会尊重他的一切，只要不违背情感底线和原则。努力争取一下吧！"

后来，小华没有离婚，并且由于懂得了尊重丈夫，日子过得越来越滋润了。

这件事让我们明白了这样一个道理：美貌只能瞬间吸引住男人的眼球，但要长久地降住男人的心，还必须给予他一份起码的尊重，维护他男子汉的尊严。

我们经常能听到一些太太这样抱怨："我对他那么好，每天好吃好喝伺候着，什么都不用他操心，自己舍不得花的钱也花在他身上，怎么就得不到他的真心呢？还在外边拈花惹草的。"

大家知道为什么吗？婚姻走到了这一步，往往是因为女人对男人缺少应有的尊重。男人需要女人的尊重，不仅是物质上的、情感上的，更重要的是精神上的。一般来说，男人在得不到必要的尊重时便会加速对婚姻的反抗，他的心也会越走越远。

当然，也许你会问，怎样做才是尊重丈夫呢？

尊重丈夫就要尊重他的选择。所谓尊重丈夫的选择，就是不管丈夫做什么事情，只要他的行为不损害家庭的幸福，你就不要试图去阻止他，甚至教化他。你应该鼓励他、支持他勇敢地面对自己的选择——这是做一个好太太的精髓所在。

尊重丈夫就要尊重他的隐私。夫妻二人虽然每日里在一个锅里吃饭，在一张床上睡觉，但始终是两个独立的人。每个人都有自己的隐私，隐私是不愿让别人知道的事，它也许是肮脏的、丑陋的、难以启齿的，但它有权利得到保护。当一个人的隐私受到侵犯时，他会感觉自己赤身裸体、毫无掩饰地站在众人面前，颜面尽失，这让他反过来喜欢你尊重你可能吗？

尊重丈夫就要尊重他的异性事业伙伴。要给对方留一席和婚外异性交往的空间，切不能一结婚就要求对方以自己为重，和所有的异性尤其是事业上的伙伴都断了往来，这只会让对方的生活空间和人际交往范围越来越狭窄，也会严重束缚对方的事业发展。

尊重丈夫就要尊重他的朋友。男人一般都比较讲义气、重情义，所以，朋友、哥们是男人生活中不可或缺的一部分。但很多太太都会认为"那样做太没必要，结婚了你生命中最重要的人就是我"。这种想法很不明智，只会让丈夫失去朋友。聪明的太太会尊重丈夫的朋友，并想办法融入丈夫的朋友圈子，这样，丈夫的朋友也会尊重她、欣赏她。

尊重丈夫就要尊重他的意见。生活中夫妻难免有意见不一致的时候，这时，我们最好能静下心里听听丈夫的真实想法，并保留或接受他的不同意见。当你尊重丈夫的意见时，你说出来的话在丈夫心里会像蜂蜜一样甜，让他感到美滋滋的。

尊重丈夫就要尊重他的喜好和生活方式。夫妻之间，很多兴趣爱好和生活方式都不尽相同，这时候，最好不要阻止对方的兴趣爱好，不要干扰对方的生活方式，否则就会减少夫妻之间的共同语言，甚至导致感情破裂，婚姻不幸。

尊重丈夫就要维护他的自尊，不说伤他自尊的话。每个人多多少少都有些自尊心，自尊心是不可侵犯的，因此，我们一定不要说有伤丈夫自尊、有失丈夫面子的话，而要说一些能满足他自尊心、让他风光、让他感到体面的话，这样他才会打心眼里喜欢你。

尊重是婚姻的最高境界，尊重是婚姻的骨架，没有了这个骨架，婚姻能不塌陷吗？

传承国学经典文化
重塑现代女性形象
修身心 养贤德
正家风 和天下

劝谏感化：妻贤夫祸少

《易经》上有家人卦，"易之家人曰：夫夫妇妇而家道正。""夫义妇顺，家之福也"。夫夫妇妇，第一个夫是名词，第二个夫是动词，妇也是这样，第一个是名词，第二个是动词。什么意思？做丈夫的要像个丈夫，做妻子的像一个妻子，也就是各行其道，这个家道就正了。

丈夫讲求道义、恩义、情义，太太能够柔和恭顺，这一家和气。和气生财，财就是福，和气生福，那子孙长远，家道长远。

有人说，如果夫不义的时候，怎么办？妇还要不要顺？还要顺。但是你要知道顺是顺义，夫义妇顺，顺的是义，不是讲顺的是夫。如果夫不义，我们能够随顺着义，而能够感化夫，让他归于义，这个顺才是有智慧。这不是盲从，不是讲助纣为虐，帮助丈夫干坏事。

宋朝有一个女子蔡氏，她出嫁以后，她的丈夫跟一些恶少常常来往，终日无所事事，出去游手好闲，于是蔡氏就劝谏他，可是屡劝不听。没过多久，她丈夫就拿着不少钱回到家里，蔡氏就对她丈夫说，"假使你拿进家里来，我就要告官府"。最后她的丈夫就跟众人约定，瞒着他的妻子出去，后来还是被蔡氏发现。于是在后面追着大呼，要止住他，而且说："你要再不停，我就告乡里"，这时候众人就散去了。她丈夫很生气，屡次打她，可是蔡氏依然坚持。后来事情败露，那些歹徒都被抓起来。因为这位丈夫被蔡氏看得很紧，没有参加那些恶少歹徒的犯罪行为，因此得以幸免。这时候他才悔悟，知道妻子对自己真是非常有情义的，于是改过自新。

这就是夫义妇顺。夫真的有义，妇就要顺；夫要是不义，太太不是说我就离开，那自己也不义，而能在这当中劝谏。

妻子相夫教子，这也是义。相，就是帮助，帮助当中最重要的，帮助丈夫立德。

东汉时期河南乐羊子，娶了妻子，记载没有说她姓什么，就叫乐羊子妻。乐羊子有一次走在路上，捡了一块金子回到家里，给他妻子。妻子讲，我听说有志之士不喝盗泉的水，不义的东西碰都不碰。所以在路上捡了金子，那不就是污染了自己的德行吗？乐羊子听后很惭愧，于是又把金子放回原地。

后来乐羊子寻师求道，学了一年就回来了。他妻子就问他，为什么你回来？乐羊子讲，也没什么事，就是很想你，回来看望看望你。妻子就拿了一把剪刀，到了她纺织机旁，对丈夫说，你看纺织蚕丝，一缕一缕慢慢地把它集结成布匹，从一寸到一丈，到成匹。如果现在还没有织完，我就把它剪断，那不就是把日积月累的功夫全都荒废了吗？夫君你求学，如果还没有学成，中道而还，这不等于我现在没织好布就把它剪断一样的道理吗？乐羊子听到妻子这番话，非常的惭愧和感动，于是立志求学，不学成就不回来，结果一学就学了7年，没有回家。妻子就在家里靠纺织为业奉养婆婆，而且有多余的还能够托人常常送东西给乐羊子，供养他学业。

这就是乐羊子妻助夫成德。

春秋战国时期的晏子德行很高，个子很矮，在他担任齐国宰相时，深得景公宠信。可以说，齐景公对晏子几乎达到了言听计从的地步，凡是重大的决策没有晏子不参与的，他的权力和地位在齐国可谓是一人之下万人之上，无人能及。这样一个位高权重的人，以生活节俭、谦恭下士著称。他从来没有架子，也不飞扬跋扈，不管对普通官员，还是一般的子民，晏子都显得和蔼可亲，彬彬有礼，在诸侯和百姓中享有极高的声誉。

有一天，晏子坐车，车夫载着晏子从自己家门经过，一副洋洋得意、深以为荣的样子。车夫的妻子看到了丈夫的样子，以为羞耻。所以当车夫高兴地回到家里，自豪地向妻子说自己陪宰相出游的威风时，妻子反而请求他休了自己。车夫就问她什么原因，妻子说："晏子身高五尺成为我们齐国的丞相，名闻各国，妾身看他思想深沉，面色和悦，平易近人，态度谦虚、谨慎，但他还常常不满意，觉得自己没做好。而丈夫您身高七尺，却甘心做一个车夫，只是在乡里驾车驰过，却趾高气扬，您的愿望如果只是这样的话，您是不配做我的丈夫。"车夫听了妻子的话，知自己不如妻子，向妻子道歉，又深刻自责反省。从此以后，学习道艺，处处收敛，日日谦卑恭敬，常常觉得自己做的还不够好。晏子很奇怪他的变化，就问怎么回事。车夫具实以报，是妻子的劝谏。晏子赞许他能够接纳善的劝导而自省改过，就向景公说了这件事，推荐他做大夫，他的妻子也被封为命妇。

一个车夫可以变成大夫，成为国家的显贵，有赖于他妻子非常智慧地激励。英国著名外交家查斯特·菲尔德勋爵曾说："每一个男人事实上都是两个人，一个是真正的自己，另一个是理想中的自己。"妻子的职责就是设法帮助丈夫成为他理想的自己，而要让丈夫成为理想中的自己，最有效的方法就是多给他一些鼓励，做好他的"拉拉队"。

大家都熟悉体育比赛场上的那些女拉拉队吗？她们又喊又跳，为的就是给己方的运动员们加油助威。她们的呐喊声越高，跳得越疯狂，越能鼓舞己方运动员的士气和拼劲。其实，好太太就是丈夫最好的"拉拉队"，有了她，丈夫才能卯足劲儿向前进步。

好太太都是丈夫的加油站、助推器。当老公松懈时，她会鼓励他努力进取；当老公遇到困难时，她会鼓励他战胜困难；当老公安于现状、畏缩不前时，她会鼓励他敢于冒险、迎接挑战；当老公因失败而灰心丧气、一蹶不振时，她会鼓励他重整旗鼓、从头再来……妻子的鼓励好比一股巨大的正能量，她的鼓励越多，丈夫进步得也就越快，也就越成功。

刘永好与妻子李巍恋爱时并不被朋友和家人看好。在他们看来，刘永好出生在小县城，又是一个中专生，不但家庭背景不好、学历不高，还有一些历史问题，和李巍根本不般配。只是当时，爱已使李巍不再有丝毫的犹豫，相识半年后，他们就结婚了。结婚那天，他们没有多余的钱请客，就称了六七斤水果糖，挨家挨户发了发。

那年，李巍跟着丈夫刘永好回老家过年，兄弟几个决定养鹌鹑。说干就干，李巍与刘永好不仅在老家养，还在他们家的阳台上搭起了饲养棚，养了三百多只鹌鹑。每天，李巍都会在上班时抽空赶回家，给鹌鹑清理粪便。

随着鹌鹑蛋越下越多，销路成了问题，刘永好就跟着三哥跑市场，沿街叫卖。不巧碰上他教的一些学生，当时还不像现在这样，一个教师沿街吆喝卖鹌鹑蛋，在学生眼里绝对是件尴尬和耻辱的事。因此，刘永好窘迫地把头埋得低低的，晚上回到家里也无精打采的。这时李巍鼓励他说："永好，抬起头来！甭管别人怎么看、怎么想，经商并不下贱。在西方社会，衡量一个男人成功的标准，还要看你能挣多少钱呢……放心去卖吧，我会为你战胜自我而自豪。"刘永好抬起了头，目光里充满了感动。

其实男人也很脆弱，那时刘永好需要的就是一些鼓励，妻子的鼓励对于他来说格外重要。就这样，他们仅仅用了六年时间，资产就超过了千万。

当初刘永好下海经商时，面临着很多问题。一个老师辞了公职，去卖鹌鹑蛋，人们都说他疯了。如果不是妻子一再鼓励他，使他能够坦然面对挫折和逆境，那他可能就顶不住当时的压力，可能不会勇往直前，可能不会成功，而中国也就少了一个亿万富翁。

所以说，妻子是丈夫最好的"拉拉队"、"加油站"、"助推器"。男人没有女人的鼓励，最终也可能成功，但他的成功机会就可能降低，达不到妻子鼓励下所成就的高度。

任何一个男人，都需要在精神上得到鼓励，即使所谓性格刚强的男人也是这样。尤其在最困难、最无助的时候，更需要得到妻子的鼓励。许多女人之所以能获得家庭的幸福，都是由于她们善于说鼓舞爱人的话，因为这样的话男人喜欢听，而且听着也会来劲。因此，女人要学会鼓励丈夫，尤其是在他最脆弱、最泄气、最失败的时候。

对于妻子而言，使丈夫进步的最好的方法不是要求他做什么，而是鼓励他好好做，给他加足马力。有了妻子的鼓励，丈夫就有了前进的勇气和决心。

同甘共苦：夫妻同心，其利断金

《女论语》中在谈到夫妻关系时说："同甘共苦，同富同贫。死同棺椁，生共衣衾。""同甘共苦，同富同贫。"家人就是大家一起同舟共济，即使家里不富裕，很贫寒，但是只要有爱心，这家还是幸福的。如果没有爱心，这家里面即使再富裕也是不幸福的。同甘共苦的过程中要自己多吃一点苦，让家人少受一点苦，有这个心，这就是爱心。能够对家人每天施予这份爱心，家人感恩，他就不会背信弃义，他感你的恩，他不忍心让你生烦恼。夫妻之间能不能够长久，两个人每人都是反求诸己，这个家就和谐。

"死同棺椁，生共衣衾"。同生死共患难，这种夫妻之义是崇高的道义。棺和椁就是棺材，棺是指里面的那个棺材，椁是包在外面的。衣是衣服，衾是棉被，这里讲到生的时候同床共衾，共处在一起不分离，我们俗话讲白头偕老，恩义绵长；到死的时候合棺合葬，这都是古礼。

有人会问，说过去夫妻恩义那么长久真是白头偕老，现在找白头偕老的夫妻好像愈来愈难了，什么原因？

一般讲的恩爱夫妻，先讲恩然后讲爱，是先要施恩给对方，你这个爱才能落实。如果不是为对方考虑只为自己考虑，这种爱充其量叫情爱，不是恩爱。靠情来维系的夫妻，关系就难免会有很多的波折、障碍，可能不一定能够到终老。

夫妻之间讲究这样的一种恩义、情义，那才能白头偕老。所以古人用的词叫恩爱夫妻，这就提醒我们先要讲恩情、恩义，然后那个爱才是落实的。

那怎么体现恩爱呢？对女人来说，就是要懂得帮丈夫分担压力。

有人说："一袋子100斤重的粮食，一个人来扛，很累，而如果两个人来抬，那每人就减少了一半的压力，变得轻松了。"婚姻中也是如此，懂得分担的太太总能减轻丈夫身上的重担，让丈夫每天轻装上阵，为全家人的幸福之路开辟新的征程。

什么是分担？所谓分担，就是承担一部分重担。在婚姻中，分担就是与丈夫共同承担家庭的各种责任和压力，包括经济上的、生活上的，甚至工作上的。打个确切的比方，你和丈夫要背200斤重物到指定的某个地方。这200斤重物如果你一斤不背，那你丈夫就得全部背上。可想而知，在这种情况下你丈夫身上的重担有多重。如果你能背10斤、20斤、30斤、40斤、50斤或更多，那你丈夫身上的重物就减轻了。而如果你有足够的力量，能背上上百斤的重物，那你丈夫身上的重物就更轻了。婚姻生活中，替丈夫分担也是一样的道理。

当今社会，是个压力社会，男人要在竞争极其激烈的职场打拼，要为家庭生活奔波劳碌，要为房贷、车贷拼命，要为家中所有成员的生活费负责，还要给孩子挣教育费，加之生活中的其他各种开销，这一大笔支出绝非轻而易举就能搞定的。于是，为了养家糊口，为了承担责任，为了婚姻幸福，为了妻子和孩子过得舒服，男人不得不使出浑身解数在外面挣钱。

李杨是个倒霉透顶的男人，他的倒霉不在于他的工作累，不在于他只是一个工薪族，也不在于他需要养家糊口，而在于他的婚姻，在于他的妻子。他娶了一个不懂得替他分担的女人，过了六年辛苦无望的苦日子后，李杨最终向妻子提出了离婚。

其实，李杨和妻子都是身体健康、有劳动能力的正常人，而且与其他夫妻相比，他们算是比较幸运的了，因为他们不需要为房子的首付发愁，父母早已为他们交清了。但是，他们最终还是因为经济问题离婚了，原因就在于妻子丝毫不懂得为丈夫分担。六年来，李杨的妻子吃住都靠丈夫，至今没有赚过一分钱。养儿子、养父母，还要养老婆，所有的经济支出都由李杨一人承担。为了多挣钱，李杨常常加班到很晚。虽然年纪轻轻，他就有了与他的年龄不相称的黑眼圈。加上他平时话不多，总是皱着眉，旁人都觉得他被生活压得喘不过气了。

六年前，李杨和妻子恋爱的时候，妻子刚刚大学毕业，还没有找到工作，待业在家。那时，他们还没有结婚，李杨也没有觉得妻子不工作自己压力大，就想着她以后找份工作就行。

后来，李杨和妻子结婚了。结婚没多久，妻子便怀孕了。怀了孩子，妻子理所当然地在家安胎。十月怀胎后，儿子出生了。儿子的降生给小家庭带来欢乐的同时，也带来了生活压力。儿子的尿布钱、奶粉钱，一份都省不下来。而且双方父母的年纪慢慢也大了，需要他们提供一些经济支援。可是，妻子丝毫不理会这些，却将所有的生活重担都推给了丈夫。

李杨的工作并不轻松，他只是一个厂里的普通职工，但由于经常主动加班加点，比别人付出多，他的月薪还算比较高的。尽管如此，在消费水平很高的城市里，李杨每月的薪水也仅仅只够维持生活之用。他们的日子总是过得紧巴巴的，月工资总是没有一点剩余。

面对这样的情况，为生活着急的永远只是李杨一个，妻子丝毫看不见他的辛苦，看不见他的压力和重担，虽然李杨也曾多次鼓励妻子出去工作，帮他分担生活压力。

李杨的妻子大学毕业，按理说文凭不算低，也算是文化人了。但她不能吃苦，对工作也是高不成低不就的，先后干了几份工作，都没有干久就回家了。如今，孩子都上小学了，她还不肯外出挣钱帮补家用。还以找不到工作为由，放纵自己，经常和牌友打麻将输钱。由于经常打麻将，她连整理家务的时间都没有，这又加重了李杨的负担。他每天在外面辛辛苦苦上完班回家后，还得自己打扫卫生，接送孩子上下学。还要自己做饭、热水、洗刷锅碗瓢勺。

即便这样，李杨的妻子还不知足，还嫌弃他赚钱少，总是拿他和别的男人比较，三天两头和他闹，耍小脾气。这让李杨伤透了心。工作和生活的压力已经让他喘不过气了，妻子不但不体谅不分担，还对他不依不饶地大闹小闹，无奈之下，李杨最终决定离婚。

如果说这是一个悲剧，那这场悲剧的始作俑者就是不懂得替丈夫分担的女人。不懂分担的女人，在男人眼里就像寄生虫一样可怕。这样的女人让男人活得多累啊！

在这个生活压力极大、消费水平日益高涨的社会，做一个男人很难，做一个有责任心的好男人更难。如果你的丈夫是一个有责任心的好男人，那就多替他分担一些生活的重担吧。一个自私自利不懂分担的女人是最容易被男人抛弃的，男人不需要这样的女人，男人所需要的，其实是一个能够和他共同面对风雨、能够与他同甘共苦的患难女人。

> 家不仅是男人的家，也是女人的家，家是夫妻共同的港湾。男人有责任对家庭负责、付出，承担家中的一切事务，女人也有责任承担一部分家庭负担。

第八章 身范善教：世有贤母，方有良子

家庭有善教，则所生儿女皆贤善；家有贤子，则国有贤才。家教之中，母教最重要。

教子以严：严格教育才是真正的爱

在中国历史上，流传着一个"二程之母，教之以严"的故事。"二程之母"指宋朝"二程"的母亲侯氏。宋景德元年她出生在太原，特别的聪慧，排行第二。侯氏的娘家是河东大姓，她的曾祖父侯元和她的祖父侯调以武勇而闻名，他们官至部将，镇守河川。当时很多人弃武以儒学登科，因为打完仗了，该过太平日子了。这时侯氏和她弟弟侯可两人继承了侯氏的家学和家风。她自幼好读书史，博知古今，父亲常常感叹："恨汝非男子！"侯氏十九岁时嫁到了程家。

为什么要特别的讲二程的母亲？因为她教育的儿子，在中国文化史上很受推崇。

侯氏的两个孩子"二程"程颢和程颐是宋朝著名的哲学家和教育家，又都是理学的奠基人，一个叫明道先生，一个叫伊川先生。他们所在的时代里，绍康节、周敦颐、张载，还有程家兄弟二人，并称为"五大先生"，是当时全国有名的五大儒。

侯氏生了六个男孩子，只剩下这两个，其他都夭折了，侯氏非常的疼爱他们。兄弟俩只差一岁，在蹒跚学步时摔倒了，乳母要上前扶，侯氏不许，她对孩子们说："你们走路慢一点就不会摔跤了，你们可以试试看。"她不仅教会孩子们方法，而且还要让孩子们马上实践，这是有智慧的母亲。

　　吃饭的时候，孩子们挑喜欢的吃，乳母溺爱孩子，看两位公子爱吃什么，就会站起来把他们爱吃的菜端到他们跟前。这时侯氏就非常严肃："小孩子如果连一盘菜的欲望都不能够舍，都不能战胜，还能干成什么事？这辈子还能成什么大器？请您把那盘菜归回原位。"

　　小时候别人的父母都表扬孩子，侯氏夫人就说："儿子，你是希望我现在天天表扬你，还是长大了到朝堂上进士及第后，让国家、皇帝去表扬你？"

　　我们做母亲的要知道什么叫疼爱，还有未来要结婚的女人，也要懂得什么叫对孩子的疼爱。比如说，咱们回家了，妈妈把好吃的端来，说："都吃了吧。"然后咱们觉得："妈妈好爱我呀！"这是妈妈的爱。如果妈妈说："你都这么大了，这好吃的给爷爷奶奶吃吧。爸爸年纪大了，做的活跟哥哥做的差不多重，这好吃的留给爸爸吧。"这才叫真爱孩子！

　　给予孩子爱，这是任何父母都可以做到的。正如高尔基所说，爱孩子这是母鸡也会的事情，可是要说到教育，却是一桩大事，需要有教育的才能和生活知识。父母对孩子的爱受认识限制，所采取的方式、方法不同，因而对孩子性格形成的影响也不同。

　　很多母亲对孩子爱得过分，由爱发展到了溺爱，对孩子百依百顺，包办代替，没有原则地迁就，造成了孩子"以我为中心"，不善于替别人考虑，容易形成任性、自私、胆小怕事、依赖的性格。

一位妈妈说："平时我对儿子关心得无微不至，可儿子对我却非常冷淡。我过生日那天，朋友往家里打电话。恰巧我不在家，儿子接的电话，朋友告诉他：'今天是你妈妈的生日。'儿子冷冷地说：'我妈过生日关我什么事！'听了朋友转述这话，我的心都伤透了。"

一位下岗女工，知道孩子喜欢吃虾，一次不顾昂贵的价格从菜市场买了虾，做好后端上桌，看着孩子津津有味地吃，自己舍不得动一筷子。眼看孩子已吃完饭，妈妈忍不住想去尝一下剩余的虾——"别动！"她13岁的孩子说，"那是我的！"这位母亲在讲述这件事时，眼含泪水。

一位家境富裕的母亲，见女儿花钱大手大脚，就对女儿说："你不用着急花钱，爸爸和妈妈这些钱，以后还不都是你的？"谁知女儿听了把眼睛瞪得圆圆的，厉声对妈妈说："我告诉你，从明天开始，你要省着花钱，这些钱都是我的了！"

在广州有一位母亲，为了照顾家庭，放弃自己原本不错的工作，整天在家相夫教子，每天风里来雨里去，骑车送儿子上学。为了让孩子能有好的教育，她忍受巨额学费送儿子上了贵族学校。而后，妈妈到学校去看儿子，儿子却嫌弃母亲穿得太"土"，给他丢脸，告诉同学这是他的"老乡"。后来，竟提出了一个无情的要求：让母亲做他的"地下妈妈"，否则就不认她这个妈！为什么十几年的爱得到的却是如此冷酷无情的回报？是孩子生下来就不会爱别人吗？不，那么这"爱丢失症"的根源在哪里？是父母的极度关爱、过分溺爱、无限纵容滋长了孩子的自私。使孩子心中只有自己，没有别人。

天下的父母都爱孩子，却未必会正确地爱孩子。母亲的心总是仁慈的，但是仁慈的心要用得好。如果用不好的话，结果就会适得其反。过分地关心和溺爱孩子，实际上是减少了孩子遭受适当挫折、困难和学习关爱别人的机会。长期这样对待孩子，会让他们从小只会享受，不知奉献；情感世界中只关注自己，不会体谅别人。

母亲爱自己的孩子，这是人之常情，但是爱得过分就不好了。反而会伤害孩子。所以，只有正确地爱孩子，才能促进孩子的健康成长，避免孩子养成任性、自私等不良习惯。

那么，母亲应该如何掌握爱孩子的"分寸"呢？

1. 要有理智地爱

在爱孩子的过程中，母亲要能自觉地控制自己的感情，克制那些无益的激情和冲动。前苏联著名教育家马卡连柯说过："子女固然由于父母方面爱得不足而感受痛苦，可是，他们也会由于那种过分洋溢的伟大的爱而腐化堕落。理智应当成为家庭教育中常备的节制器。否则孩子们就要在父母最好的动机下养成最坏的习惯和行为了。"

然而，有些母亲，尤其是相对年轻的母亲，在处理与孩子的关系上往往缺乏应有的"分寸感"。她们对待孩子往往是无原则的、过分的宠爱。有的对孩子姑息迁就，任其发展；有的只知道想方設法无条件地满足孩子的物质要求，却不懂得给孩子良好的精神食粮和思想营养。这样势必把孩子宠坏，以致适得其反，自食苦果。

2. 既要爱，又要严格要求

所谓"爱之深，责之切"，就是说，严格要求正是出于深切的爱。所以，母亲不应该受盲目的爱所支配，要"严"中有"爱"，"爱"中有"严"。当然严格要求并不意味着对孩子严厉，或者动辄训斥打骂，而是要做到以合理为前提，提出要求时态度应该是耐心的、循循善诱的。

严格要求对孩子来说是很重要的。因为孩子对是非界限还不能十分清晰，对自己的情感和行为往往也不善于自我控制，如果母亲对他们不严格要求，他们往往还不能主动、自觉地学习或按行为道德标准来行事，因而，需要母亲对他们严格要求，使他们养成良好的思考和行为习惯。只有爱，也不能教育和培养出优秀的孩子来，母亲在教育时应该把爱和严格要求结合起来。

很多女人常常不知道什么叫爱，不知道怎么样去爱自己，更不知道怎么样爱自己的孩子。所谓"爱之不以道，适足以害之"。

教子以正：德行人品是从小养成的

具有优秀的道德品质是人才的衡量标准之一。一个品德低下的人很难成为高素质、高水平的人才，而且，他不但不能有大的作为，也难以立足于社会。养成好的道德习惯，是孩子的立身之本，是孩子走向成功之路的第一张人生通行证。基础教育阶段是一个人发育成长的重要时期，是初步形成正确的世界观、人生观的关键时期。一个健康的家庭必须要教育子女具有优秀的道德品质，让孩子成功的拿到这一张人生的通行证。

家庭是道德教育的主要场所，虽然学校老师也会对孩子进行道德教育，但道德是被感染而不是被教导的，课堂上的说教远远不及家庭教育中父母的榜样作用大。而妈妈在家庭道德教育中所起的作用更是不可忽视。

妈妈要对孩子进行道德教育，首先自己就要行得正，做得端。不可否认，现在社会上的一些急功近利、拜金主义、享乐主义风气不仅影响了处在道德社会化关键时期的少年儿童，更影响了家长。一些家长自身的道德修养就不够，更不要说教育孩子了。

在这方面，历史上孟母可以说是天下母亲教子的典范。

孟母在对儿子教育上，确确实实特别有敏感度。周朝的孟子，从小住的地方跟屠户家很近。有一天邻居要杀猪，他听到猪的叫声和平时不一样，就问母亲："这户人家为什么要把猪杀掉？"母亲就同他开玩笑，说："杀猪为了给你吃肉啊！"说完不久，她就后悔了，知道自己错了。她说："我今天不该讲这样的戏语，这是在教导他做人没有信义啊！"于是她就把自己头上的首饰摘下来换了钱，买了一点肉，唯恐儿子失去做人要诚信的品德。

"宗圣"曾子，是孔子的弟子，也是"二十四孝"故事之一的人物。当时他的妻子准备赶集，儿子要跟随，为了脱身，做母亲的就骗儿子说："你等着，母亲去买肉，回来煮给你吃。"结果曾子太太回来看到家里的猪被杀了，就问怎么回事。曾子说，不能跟孩子说戏言啊！古人说："绝戏谑以敦体"。

敦是厚、笃、实，加厚的意思，"敦体"的意思是，诚信而少说戏言，会越来越增加威仪。尤其对于教育孩子来讲，我们失去自己的威仪还是小事，如果孩子因此认为对人可以说话不算话，那就等于在教导孩子不讲信义了。

一个人是否是人才，最重要的一个考核标准，是道德品质。所以，妈妈对孩子的教育，应该将德育放在第一位。所谓教育无小事，道德教育也是同样的。道德教育是一件讲究原则的事情，也是一件充满矛盾的事情。

在这个观念冲突的时代，妈妈可以做到"传道"，可以做到"授业"，然而要做到"解惑"却并不容易，因为在长远利益与近期利益、在整体利益与局部利益、在个人利益与他人利益、在理想与现实等一系列的矛盾中，在众多的说法和纷繁的观念冲突中，做出判断和选择不是件容易的事情。而道德教育又不得不让人做出抉择，这就需要妈妈时时注意提高自身道德修养，以严格的标准来要求自己，在日常生活中感染孩子，并及时纠正孩子在道德方面的偏差。

洋洋是一个 4 岁的小男孩。有一天，他不小心打碎了邻居家的花盆。当时邻居家没有人，洋洋就赶紧跑回了家，将这件事告诉了妈妈。妈妈听了后对洋洋说："既然没有人看到，如果有人问你，你就说不知道，千万不能说是你打碎的，要不，邻居会打你的，妈妈还得赔人家花盆。"洋洋按照妈妈的话做了，妈妈夸奖道："洋洋真聪明！"然而，洋洋的妈妈怎么也想不到，从这件事中，洋洋得出了一个结论："妈妈喜欢撒谎的人，以后我不能对她说实话。"

一个 4 岁的小男孩在和几个小孩玩耍的时候，在邻居家的墙上画了很多画，把邻居家的墙画得乱七八糟的。看到邻居出来，几个小孩一哄而散。

回到家以后，这个小男孩心神不宁，害怕邻居会来找父母告状。吃饭的时候，他不像平时那样老老实实，吃两口抬头看看门边，只吃了几口饭就不吃了，跑回自己的房间不出来。

看到孩子的异常反应，小男孩的妈妈想，也许孩子遇到什么事情了。

于是，吃过饭以后，她就温柔地问他是不是发生了什么事。在妈妈的循循善诱下，小男孩儿终于告诉了母亲发生的事情。

母亲听后，并没有责怪儿子，而是说："孩子，你觉得这件事应该怎么办呢？"

"妈妈，我知道应该去向邻居王阿姨道歉。但是，我怕她会骂我。"

"孩子，做错了事就要承担责任，如果你不去道歉，只能说明你是一个不诚实的孩子，而诚实的孩子才是好孩子，你说是吗？"

"嗯，妈妈，你说得对，我应该向王阿姨道歉，求得她的谅解。但是妈妈，你可以在门口看着我吗？"

"好的儿子，去吧。"

五分钟后，儿子回到了妈妈的身边说："妈妈，你说得对，王阿姨没有责备我，还说我是个诚实的孩子。"

从上面两个故事可以看出，在妈妈的影响下，第一个孩子将来肯定不会具备诚实的品质，而第二个孩子则在妈妈的循循善诱之下，逐渐具备了诚实的美德。

母亲要让孩子树立诚信的观念，就应注重有意识地引导孩子思考诚信的问题，让孩子懂得什么是诚信，什么是欺诈虚伪，要旗帜鲜明地表扬诚信，批评欺诈虚伪。

道德是做人的底线，德之不存，何以为人？一个人的德行品格是从小养成的，具有什么样品德的母亲，就会养育出一个何种品德的孩子。

传承国学经典文化
重塑现代女性形象
修身心　养贤德
正家风　和天下

教子以礼：让孩子的行为合于礼仪

《女范捷录》中讲了一个"尹母陈氏，教子尊师"的故事。

"尹母"是指尹焞的母亲陈氏，她是一个非常有名的圣贤的母亲。尹焞是二程之一伊川先生的徒弟。他对自己老师的恭敬到什么程度？看到出的考题里面有攻击他老师的话，对不起，卷子都不答，直接就回家了。

绍圣初年，尹焞去应进士的考试。那时正值禁二程的学说，尹焞没有应答策对直接走出了考场。回来就告诉母亲说："母亲，因为他们反对我的恩师，所以我不想答这样的卷子，我也不想吃因答这样的卷子而得来的俸禄，所以我很对不起母亲！"结果母亲回答："我愿意儿子你用豆子加水来孝养我，我不希望你用失去做人气节而得来的俸禄养我。"伊川先生听了这句话就赞叹："非此母不生此子。"后来学者称尹焞为"和靖先生"，这个"靖"，专门指男子有气节。

尹焞的母亲在打理家务时也很有章法。虽然家里很贫穷，但是她却一点也不悲戚。从小教育自己的儿子动止语默，即在行动的时候，如果说止马上就可以止住。话说完了，马上就要默然。就是该说的时候说，该动的时候动，要动静有法。尹焞能够有那样的成就，是母亲童蒙时就开始养正教出来的。他家里非常贫穷，即使在这样的家境下，仍然教出合于礼仪，动静有法的孩子。

等到尹焞长大到需要学习时，陈氏听闻伊川先生程颐很会教育孩子，就让儿子去拜师，要求儿子尊重老师要做到"一日为师，终身为父"。她还告诉儿子说："你是去学德行的本源，一定要学到了再回来。你不仅要学到千经万论，更重要的是还要把老师待人处事的那份礼仪，那种骨气带回来。"这是他母亲对他的教诲。

谚语云："桑树从小直。故教子必慎于童时之动止语默。"桑树从小就要把它给扶直了，同样教孩子也要从小合于礼。等到长大了再为他选择好的德行的老师而跟着学习。如此，在家里有母教，在外有名师、良师教诲，这样教出的孩子假如还不能成才，那几乎是不可能的。

张彩云的儿子涛涛今年8岁，成绩挺好，平时大家都夸奖他，张彩云也觉得脸上很有光。张彩云对孩子很爱护，因为就这一个孩子，又学习好，做父母的总是对涛涛百般照顾，肯定宁肯委屈自己、也不会委屈孩子，从小家里"最大、最红的苹果"都是他的。虽然张彩云有时候也觉得孩子没礼貌，比如：乘电梯经常横冲直撞，不会说"谢谢"，见人不会主动打招呼，等等，不过又觉得这些都是小事，而且男孩子嘛，大大咧咧点没关系。

前几天张彩云带孩子参加一个正式晚宴，才发现儿子站没站相，坐没坐相！别人还没入席，涛涛先一屁股坐到正中位，旁若无人地吆喝服务生要可乐，菜一上桌就伸筷子去夹，等到上龙虾这道菜时，因为是涛涛最爱吃的，他居然整盘端到自己面前，就像在家里一样。虽然大家都说"没关系，没关系"，但张彩云还是看到了鄙夷的目光，真是如坐针毡，难堪得要命，觉得很丢脸！

这个案例给人一个启示：如果父母不肯"委屈"孩子，那么孩子会让父母受委屈。案例中的涛涛不讲礼貌的原因其实是父母没有教他礼貌待人。人的成长是一个学习的过程，正式晚宴上发生的事情，正是家长进行补偿教育的好时机。家长首先要改变"学习好则百好"的观念和"什么事都由着他"的教育态度。一个凡事以自我为中心、做任何事情不考虑他人、不考虑后果的孩子，在社会上很难立足。

作为家长，他们根本没有认识到平时对孩子进行礼仪教育的重要性。所谓"礼仪"，是表示礼貌的具体礼节，包括言行举止的诸方面细节。如果只知道"应该"对人尊敬有礼貌，而不懂得"如何做"才能体现尊敬有礼貌，弄不好会适得其反，伤害对方，惹人反感。而有些孩子甚至根本不懂得应该讲礼貌，那么说脏话、行为粗鲁无礼是常事。

因为在日常生活中，礼仪是促进人际关系的"粘合剂"和"润滑油"。培养孩子的礼仪习惯，就是教孩子学习怎样待人，怎样跟人相处，包括尊老爱幼、尊敬师长、讲文明、懂礼貌、守时守信、讲卫生、遵守秩序等多方面的内容。人们在交往中都渴望有一个良好而和谐的人际关系，都想得到别人的喜爱和尊重，且当今社会又是一个充满竞争与合作的时代，良好的人际关系是人生成功的助力器。为此，应该从孩子小的时候就培养孩子良好的礼仪习惯，教孩子一些建立良好人际关系的知识。

刘畅是一位品学兼优的学生，他的父母是这样教育他的：

在早期教育当中，他们除了开发他的智力外，也同步进行着文明行为的训练，培养孩子彬彬有礼的习惯。例如饭桌上，孩子不小心把饭粒掉在地上。握住他的小手，一边轻轻拍打其手心，一边提醒他不能再掉了。饭后，孩子要保姆替他取水，可以提醒孩子，不该随意让人帮自己做事，若是非麻烦别人不可，一定要说"请"、"对不起"、"麻烦您"、"谢谢"等礼貌用语。

凡是见过刘畅的人都说他气质好、彬彬有礼、落落大方。这也是从小到大逐步养成的。刘畅的父母从刘畅学会说话，能够听懂一些简单的提示和要求时起，他们就有意识地在各种场合下，告诉他应该怎样做。比如早晨离开家时，要和家里人说"再见"，到了幼儿园要问"阿姨好"、"小朋友好"等等。刘畅是坐医院通勤车长大的，在通勤车上，医护人员还教他学会分辈儿，当他准确地称呼"爷爷"、"奶奶"、"叔叔"、"阿姨"时，那稚声稚气的样子着实惹人喜爱。

其实，刘畅父母的这些教育，许多父母都做了。为什么有的效果差些呢？原因有两个：一是不能一以贯之地坚持下去；二是父母对孩子要求是一回事，自己却未能以身示教，使孩子感到迷茫，不知如何是好。因而，父母要利用一切机会培养孩子讲礼貌的习惯，持之以恒，反复训练。

在观念改变的基础上，家长要以正确的方法给孩子补上礼貌教育这一课。要在和谐氛围中与孩子交谈，表明父母对礼貌行为的态度，以正面语言表达在以后类似的情境中希望孩子做到的是什么样子，并在实际行动中予以辅导与教育。

1. 有意识地训练孩子的礼貌言行

如果孩子和长辈说话时没有使用敬语"您"，家长便可勒令孩子说上几十遍，直到孩子说正确了为止。这样做的目的是为了让孩子意识到和长辈说话应该讲礼貌，有礼节。当家中来了客人，家长应该要求孩子主动和客人打招呼，客人告辞时，要求孩子把客人送到门口或电梯口。

2. 家长应成为孩子的楷模

孩子的成长和家庭环境密不可分，什么样的家长就会教出什么样的孩子。如果家长自己就不是一个讲文明礼貌的人，即使对孩子的管教特别严，苛求孩子的言行要有礼貌，效果肯定也是不明显的。孩子是在模仿家长的言行中长大的，家长的一言一行，都会对孩子产生潜移默化的影响。因此，要想把孩子培养成为一个讲文明礼貌的人，家长就应该成为孩子的楷模。

3. 发现问题就立即解决

培养孩子讲文明有礼貌是一个循序渐进的过程，家长不可能要求孩子在一夜之间就变得彬彬有礼。当发现你的孩子不习惯用敬语时，便立即加以矫正，直到孩子养成了说敬语的好习惯为止。家长切不要把孩子的许多问题都集中起来，试图突击解决。正确的做法应该是发现一个问题就立即解决。

作为母亲，你应该成为孩子的礼仪老师，这必须从孩子刚刚懂事就开始注意，并通过自己的行为潜移默化地影响孩子，使孩子在耳濡目染的环境中，逐步形成礼貌待人的品德。

懿德懿行：良好的家风来自母亲

家风又称门风，这个词语在西晋出现并在其后流行，它指的是一家或一族世代相传的道德准则和处世方法。如同一个人有气质、一个国家有特色一样，一个家庭在长期延传的过程中，也会形成自己独特的习性和风貌，体现在家庭成员的一举手一投足之间，这就是家风的表现。家风是一种特定的传统，凝聚着这个家庭一辈又一辈先人的生活态度和人生信念，又因子孙后代的认同传承而持久存在。

家风代代相沿，陶染后辈，深刻影响家族成员的个性。这是一种不必刻意教诫或传授，仅仅通过耳濡目染就能获得的精神气质，具有"润物细无声"的特点。所以，良好的家风是一个家庭无形的财富。

一个家庭如果家风好，那么每一个成员都会受到好的影响。因家风清廉质朴而进取有为、赢得赞誉的古今名人不胜枚举。他们的家庭，必然是长辈父母以身作则，率先垂范。尤其是母亲，对良好家风的形成具有至关重要的作用。

寇准自幼丧父，家境贫寒，全靠母亲织布度日。这些圣贤都是靠纺车养育出来的！寇母常常一边深夜纺纱，一边还要教寇准读书，督导寇准苦学成才。后来寇准进京应试中了进士，当喜讯传达到家时，寇准的母亲已是身患重病，临终她将亲手画的一幅画交给身边的刘妈，说："我儿寇准日后必定为官，如果他有错处，请您把这幅画交给他。"

后来寇准官至宰相，他感觉自己功成名就了，要请戏班庆贺自己的生日。宋朝那个年代，请一台戏就挺奢侈了，寇准因为已经是一人之下，万人之上的宰相了，戏班子不仅请了，一请就是两台，还准备大宴群僚。刘妈听了这种情形，好像跟太夫人当年教育儿子的状况不太一样，她觉得时机到了，该她献图了。刘妈见到寇准，把寇母临终托付给她的那幅画拿出来。寇准打开一看——是"寒窗课子图"，"课子"，是教孩子做功课。上面画的是母子两人，当年寒门相依为命的场景，孤灯下，母亲一边纺纱，一边辅导儿子苦读……画幅上面写了一首诗，是母亲的手迹："孤灯课读苦含辛，望儿修身为万民。勤俭家风慈母训，他年富贵莫忘贫。"寇准一见这幅画，感觉母亲往日的教诲历历在目，母亲的这首诗就是遗训啊！他再三地拜读，一下子跪倒，不觉泪如泉涌。他明白母亲的心，马上下令撤去了寿宴，也把戏班子打发走了，从此专心料理政事，不但成为闻名于世的一代贤相，还将勤俭的家风一代代的传了下去。

良好的家风也是中华传统文化的重要组成部分，为民族精神的继承与发扬提供了最普遍最深厚的社会基础。我们祖先父辈的生活经验、实践智慧或价值理念，往往体现在家训、家规、族谱等文献之中。颜之推的《颜氏家训》、曾国藩的《曾国藩家书》、傅雷的家书家信，都堪称一定时代家风家教的典范。在家风的代代传承中，忠孝节义、善良诚信、谦逊有礼、克己节俭等传统美德在中华大地深深扎根，成为每个家庭乃至整个中华民族的内在追求和信仰。随着社会的发展，家风也在不断被赋予新的内容。社会主义核心价值观所包含的丰富内涵，会使当下优良家风的内容得到极大的扩展。

良好的家风能够汇聚正能量，推动社会文明的进步发展。家风连着民风，影响到社会风尚，好的家风家教不仅在代际延传中确保了家族成员的健康成长，而且在社会人际交往中发挥着辐射作用。每一个家庭成员都是其家风的"流动载体"，到一方就影响一方、熏染一方。因此，好的家风能持续促成好的社会风气，使民族的发展与进步获得无尽的能量。

"谁没个难处呢？能帮人一把就帮一把。"在寿光市区工作的周明欣时常记起母亲说过的话。

周明欣说起多年前的一个事：1982 年初冬的一个早上，一个衣着单薄的浙江女子，到村里挨家挨户卖蚊帐。"大妹子，先不看蚊帐。我们这边也没有卖饭的，你要是不嫌弃，就在我家喝点稀饭吧。"说着，周明欣的母亲就给她盛了一碗。接过稀饭和咸菜，女子吃了起来。吃完饭，那个女子要留下一顶蚊帐。周明欣的母亲说："你也挺不容易的，我家现在也没钱，不能买你的蚊帐帮你的忙了，哪能再白要你的蚊帐呢。"

周明欣说，正是因为这些善良的小事传递出点点滴滴的正能量，才汇聚成了农村淳朴的社会风气。

家风、家训，是一个家庭对社会的道德承诺。实践证明，优秀家训的价值内涵与社会主义核心价值观的内在要求是一致的。传承家训，是使社会主义核心价值观落地的好办法。

家是最小国，国是千万家，家风建设不是一家一户的小事。小小家风传承着自强不息的民族精神，小小家风汇集成良好的社会风尚。因此，作为母亲，有责任与义务建设好的家风，维持好的家风，延续好的家风，让良好的风尚得以弘扬，让中华文明世代传承。

母亲在传承家风中有独特的作用。她不仅可以发挥"家长"的优势，主导家风的传承；而且具备将娘家与婆家的好家风优势互补、重新整合，实现家风的"进化"和完善。

附录

《女论语》

《女诫》

《女范捷录》

《女论语》

唐代宋若莘著，宋若昭作解，是《女四书》之一种，为明朝王相编录。宋若昭，若莘之妹，若莘著《女论语》，若昭申释之。若莘去世后，唐穆宗召若昭入宫中，掌管六宫文学，封为"外尚书"。同时，还教导诸皇子公主，被称为"先生"。

【立身章】

凡为女子，先学立身。立身之法，惟务清贞。清则身洁，贞则身荣。行莫回头，语莫掀唇。坐莫动膝，立莫摇裙。喜莫大笑，怒莫高声。内外各处，男女异群。莫窥外壁，莫出外庭。出必掩面，窥必藏形。男非眷属，莫与通名。女非善淑，莫与相亲。立身端正，方可为人。

【学作章】

凡为女子，须学女工。纫麻缉苎，粗细不同。车机纺织，切勿匆匆。看蚕煮茧，晓夜相从。采桑摘拓，看雨占风。滓湿即替，寒冷须烘。取叶饲食，必得其中。取丝经纬，丈尺成工。轻纱下轴，细布入筒。绸绢苎葛，织造重重。亦可货卖，亦可自缝。刺鞋作袜，引线绣绒。缝联补缀，百事皆通。能依此语，寒冷从容。衣不愁破，家不愁穷。莫学懒妇，积小痴慵。不贪女务，不计春秋。针线粗率，为人所攻。嫁为人妇，耻辱门庭。衣裳破损，牵西遮东。遭人指点，耻笑乡中。奉劝女子，听取言终。

【学礼章】

凡为女子,当知礼数。女客相过,安排坐具。整顿衣裳,轻行缓步。敛手低声,请过庭户。问候通时,从头称叙。答问殷勤,轻言细语。备办茶汤,迎来递去。莫学他人,抬身不顾。接见依稀,有相欺侮。如到人家,当知女务。相见传茶,即通事故。说罢起身,再三辞去。主人相留,相筵待遇。酒略沾唇,食无义箸。退盏辞壶,过承推拒。莫学他人,呼汤呷醋。醉后颠狂,招人怨恶。当在家庭,少游道路。生面相逢,低头看顾。莫学他人,不知朝暮。走遍乡村,说三道四。引惹恶声,多招骂怒。辱贱门风,连累父母。损破自身,供他笑具。如此之人,有如犬鼠。莫学他人,惶恐羞辱。

【早起章】

凡为女子,习以为常。五更鸡唱,起着衣裳。盥漱已了,随意梳妆。拣柴烧火,早下厨房。摩锅洗镬,煮水煎汤。随家丰俭,蒸煮食尝。安排蔬菜,炮豉春姜。随时下料,甜淡馨香。整齐碗碟,铺设分张。三餐饱食,朝暮相当。清晨早起,百事无妨。莫学懒妇,不解思量。日高三丈,犹未离床。起来已晏,却是惭惶。未曾梳洗,突入厨房。容颜龌龊,手脚慌忙。煎茶煮饭,不及时常。又有一等,铺馔争尝,未曾炮馔,先已偷藏。丑呈乡里,辱及爷娘。被人传说,岂不羞惶。

【事父母章】

女子在堂,敬重爹娘。每朝早起,先问安康。寒则烘火,热则扇凉。饥则进食,渴则进汤。父母检责,不得慌忙。近前听取,早夜思量。若有不是，改过从长。父母言语，莫作寻常。遵依教训，不可强梁。若有不谕，细问无妨。父母年老，朝夕忧惶，补联鞋袜，做造衣裳。四时八节，孝养相当。父母有疾，身莫离床。衣不解带，汤药亲尝。祷告神祇，保佑安康。设有不幸，大数身亡，痛入骨髓，哭断肝肠。劬劳罔极，恩德难忘。衣裳装殓，持服居丧。安理设祭，礼拜家堂。逢周遇忌，血泪汪汪。莫学忤逆，不敬爹娘。才出一语，使气昂昂。需索陪送，争竞衣妆。父母不幸，说短论长。搜求财帛，不顾哀丧。如此妇人，狗彘豺狼。

【事舅姑章】

阿翁阿姑，夫家之主。既入他门，合称新妇。供承看养，如同父母。敬事阿翁，形容不睹。不敢随行，不敢对语。如有使令，听其嘱咐。姑坐则立，使令便去。早起开门，莫令惊忤。洒扫庭堂，洗濯巾布。齿药肥皂，温凉得所。退步阶前，待其浣洗。万福一声，即时退步。整办茶盘，安排匙箸。香洁茶汤，小心敬递。饭则软蒸，肉则熟煮。自古老人，齿牙疏蛀。茶水羹汤，莫教虚度。夜晚更深，将归睡处。安置相辞，方回房户。日日一般，朝朝相似。传教庭帏，人称贤妇。莫学他人，跳梁可恶。咆哮尊长，说辛道苦。呼唤不来，饥寒不顾。如此之人，号为恶妇。天地不容，雷霆震怒。责罚加身，悔之无路。

【事夫章】

女子出嫁，夫主为亲。前生缘分，今世婚姻。将夫比天，其义匪轻。夫刚妻柔，恩爱相因。居家相待，敬重如宾。夫有言语，侧耳详听。夫有恶事，劝谏谆谆。莫学愚妇，惹祸临身。夫若出外，须记途程。黄昏未返，瞻望思寻。停灯温饭，等候敲门。莫若懒妇，先自安身。夫如有病，终日劳心。多方问药，遍处求神。百般治疗，愿得长生。莫学蠢妇，全不忧心。夫若发怒，不可生嗔。退身相让，忍气低声。莫学泼妇，斗闹频频。粗丝细葛，熨贴缝纫。莫教寒冷，冻损夫身。家常茶饭，供待殷勤。莫教饥渴，瘦瘠苦辛。同甘同苦，同富同贫。死同棺椁，生共衣衾。能依此语，和乐瑟琴。如此之女，贤德声闻。

【训男女章】

大抵人家，皆有男女。年已长成，教之有序。训诲之权，亦在于母。男入书堂，请延师傅。习学礼义，吟诗作赋，尊敬师儒，束脩酒脯。女处闺门，少令出户。唤来便来，唤去便去。稍有不从，当加叱怒。朝暮训诲，各勤事务。扫地烧香，纫麻缉苎。若在人前，教他礼数。莫纵娇痴，恐他啼怒。莫从跳梁，恐他轻侮。莫纵歌词，恐他淫污。莫纵游行，恐他恶事。堪笑今人，不能为主。男不知书，听其弄齿。斗闹贪杯，讴歌习舞。官府不忧，家乡不顾。女不知礼，强梁言语。不识尊卑，不能针指。辱及尊亲，有玷父母。如此之人，养猪养鼠。

【营家章】

营家之女，惟俭惟勤。勤则家起，懒则家倾。俭则家富，奢则家贫。凡为女子，不可因循。一生之计，惟在于勤。一年之计，惟在于春。一日之计，惟在于寅。奉箕拥帚，洒扫秽尘。撮除遗遏，洁静幽清。眼前爽利，家宅光明。莫教秽污，有玷门庭。耕田下种，莫怨辛勤。炊羹造饭，馈送频频。莫教迟慢，有误工程。积糠聚屑，喂养孳牲。呼归放去，检点搜寻。莫教失落，扰乱四邻。夫有钱米，收拾经营。夫有酒物，存积留停。迎宾待客，不可偷侵。大富由命，小富由勤。禾麻菽麦，成栈成囷。油盐椒鼓，盎瓮装盛。猪鸡鹅鸭，成队成群。四时八节，免得营营。酒浆食撰，各有余盈。夫妇享福，欢笑欣欣。

【待客章】

大抵人家，皆有宾主。滚涤壶瓶，抹光橐子。准备人来，点汤递水。退立堂后，听夫言语。细语商量，杀鸡为黍。五味调和，菜蔬齐楚。茶酒清香，有光门户。红日含山，晚留居住。点烛擎灯，安排卧具。钦敬相承，温凉得理。次晓相看，客如辞去。酒饭殷勤，一切周至。夫喜能家，客称晓事。莫学他人，不持家务。客来无汤，慌忙失措。夫若留人，妻怀嗔怒。有箸无匙，有盐无醋。打男骂女，争啜争哺。夫受惭惶，客怀羞惧。有客到门，无人在户。须遣家童，问其来处。当见则见，不见则避。敬待茶汤，莫缺礼数。记其姓名，询其事务。等到夫归，即当说诉。奉劝后人，切依规度。

【和柔章】

处家之法，妇女须能。以和为贵，孝顺为尊。翁姑嗔责，曾如不曾。上房下户，子侄宜亲。是非休习，长短休争。从来家丑，不可外闻。东邻西舍，礼数周全。往来动问，款曲盘旋。一茶一水，笑语忻然。当说则说，当行则行。闲是闲非，不入我门。莫学愚妇，不间根源。秽言污语，触突尊贤。奉劝女子，量后思前。

【守节章】

古来贤妇，九烈三贞。名标青史，传到如今。后生宜学，勿曰难行。第一贞节，第二清贞。有女在室，莫出闲庭。有客在户，莫露声音。不谈私语，不听淫音。黄昏来往，秉烛掌灯。暗中出入，非女之经。一行有失，百行无成。夫妻结发，义重千金。若有不幸，中路先倾。三年重服，守志坚心。保持家业，整顿坟茔。殷勤训子，存殁光荣。此篇论语，内范仪刑。后人依此，女德聪明。幼年切记，不可朦胧。若依此言，享福无穷。

《女诫》

　　班昭家学渊博，行止庄正且文采飞扬，她以训喻的方式写给自家女儿的家训《女诫》，是女子如何立身处世的品德规范，被时人争相传抄，成为中国历代直至民国初年女子教育的启蒙读物，班昭也被誉为"女人当中的孔夫子"。

【卑弱章】

　　古者生女三日，卧之床下，弄之瓦砖，而斋告焉。卧之床下，明其卑弱，主下人也。弄之瓦砖，明其习劳，主执勤也。斋告先君，明当主继祭祀也。三者盖女人之常道，礼法之典教矣。谦让恭敬，先人后己，有善莫名，有恶莫辞，忍辱含垢，常若畏惧，是谓卑弱下人也。晚寝早作，勿惮夙夜，执务私事，不辞剧易，所作必成，手迹整理，是谓执勤也。正色端操，以事夫主，清静自守，无好戏笑，洁齐酒食，以供祖宗，是谓继祭祀也。三者苟备，而患名称之不闻，黜辱之在身，未之见也。三者苟失之，何名称之可闻，黜辱之可免哉！

【夫妇章】

　　夫妇之道，参配阴阳，通达神明，信天地之弘义，人伦之大节也。是以《礼》贵男女之际，《诗》著《关雎》之义。由斯言之，不可不重也。夫不贤，则无以御妇；妇不贤，则无以事夫。夫不御妇，则威仪废缺；妇不事夫，则义理堕阙。方斯二事，其用一也。察今之君子，徒知妻妇之不可不御，威仪之不可不整，故训其男，检以书传。殊不知夫主之不可不事，礼义之不可不存也。但教男而不教女，不亦蔽于彼此之数乎！《礼》，八岁始教之书，十五而至于学矣。独不可依此以为则哉！

【敬顺章】

阴阳殊性，男女异行。阳以刚为德，阴以柔为用，男以强为贵，女以弱为美。故鄙谚有云："生男如狼，犹恐其尪；生女如鼠，犹恐其虎。"然则修身莫若敬，避强莫若顺。故曰敬顺之道，妇人之大礼也。夫敬非它，持久之谓也；夫顺非它，宽裕之谓也。持久者，知止足也；宽裕者，尚恭下也。夫妇之好，终身不离。房室周旋，遂生媟黩。媟黩既生，语言过矣。语言既过，纵恣必作。纵恣既作，则侮夫之心生矣。此由于不知止足者也。夫事有曲直，言有是非。直者不能不争，曲者不能不讼。讼争既施，则有忿怒之事矣。此由于不尚恭下者也。侮夫不节，谴呵从之；忿怒不止，楚挞从之。夫为夫妇者，义以和亲，恩以好合，楚挞既行，何义之存？谴呵既宣，何恩之有？恩义俱废，夫妇离矣。

【妇行章】

女有四行，一曰妇德，二曰妇言，三曰妇容，四曰妇功。夫云妇德，不必才明绝异也；妇言，不必辩口利辞也；妇容，不必颜色美丽也；妇功，不必工巧过人也。清闲贞静，守节整齐，行己有耻，动静有法，是谓妇德。择辞而说，不道恶语，时然后言，不厌于人，是谓妇言。盥浣尘秽，服饰鲜洁，沐浴以时，身不垢辱，是谓妇容。专心纺绩，不好戏笑，洁齐酒食，以奉宾客，是谓妇功。

此四者，女人之大德，而不可乏之者也。然为之甚易，唯在存心耳。古人有言："仁远乎哉？我欲仁，而仁斯至矣。"此之谓也。

【专心章】

《礼》，夫有再娶之义，妇无二适之文，故曰夫者，天也。天固不可逃，夫固不可离也。行违神祇，天则罚之；礼义有愆，夫则薄之。故《女宪》曰："得意一人，是谓永毕；失意一人，是谓永讫。"由斯言之，夫不可不求其心。然所求者，亦非谓佞媚苟亲也，固莫若专心正色。礼义居洁，耳无涂听，目无邪视，出无冶容，入无废饰，无聚会群辈，无看视门户，此则谓专心正色矣。若夫动静轻脱，视听陕输，入则乱发坏形，出则窈窕作态，说所不当道，观所不当视，此谓不能专心正色矣。

【曲从章】

夫"得意一人，是谓永毕；失意一人，是谓永讫"，欲人定志专心之言也。舅姑之心，岂当可失哉？物有以恩自离者，亦有以义自破者也。夫虽云爱，舅姑云非，此所谓以义自破者也。然则舅姑之心奈何？固莫尚于曲从矣。姑云不，尔而是，固宜从令；姑云是，尔而非，犹宜顺命。勿得违戾是非，争分曲直。此则所谓曲从矣。故《女宪》曰："妇如影响，焉不可赏！"

【叔妹章】

妇人之得意于夫主，由舅姑之爱己也；舅姑之爱己，由叔妹之誉己也。由此言之，我之臧否誉毁，一由叔妹，叔妹之心，复不可失也。皆莫知叔妹之不可失，而不能和之以求亲，其蔽也哉！自非圣人，鲜能无过！故颜子贵于能改，仲尼嘉其不贰，而况妇人者也！虽以贤女之行，聪哲之性，其能备乎！是故室人和则谤掩，外内离则恶扬。此必然之势也。《易》曰："二人同心，其利断金。同心之言，其臭如兰。"此之谓也。夫叔妹者，体敌而尊，恩疏而义亲。若淑媛谦顺之人，则能依义以笃好，崇恩以结援，使徽美显章，而瑕过隐塞，舅姑矜善，而夫主嘉美，声誉曜于邑邻，休光延于父母。若夫蠢愚之人，于叔则托名以自高，于妹则因宠以骄盈。骄盈既施，何和之有！恩义既乖，何誉之臻！是以美隐而过宣，姑忿而夫愠，毁訾布于中外，耻辱集于厥身，进增父母之羞，退益君子之累。斯乃荣辱之本，而显否之基也。可不慎哉！然则求叔妹之心，固莫尚于谦顺矣。谦则德之柄，顺则妇之行。凡斯二者，足以和矣。《诗》云："在彼无恶，在此无射。"其斯之谓也。

《女范捷录》

　　《女范捷录》简称《女范》。明末王集敬妻江宁刘氏（王相之母）撰，由其子王相笺注，共一卷，为中国古代女教书之一。全书列有统论、后德、母仪、孝行、贞烈、忠义、慈爱、秉礼、智慧、勤俭、才德等十一篇。

【统论篇】

　　乾象乎阳，坤象乎阴，日月普两仪之照。男正乎外，女正乎内，夫妇造万化之端。五常之德著，而大本以敦，三纲之义明，而人伦以正。故修身者，齐家之要也，而立教者，明伦之本也。正家之道，礼谨于男女，养蒙之节，教始于饮食，幼而不教，长而失礼。在男犹可以尊师取友，以成其德。在女又何从择善诚身，而格其非耶？是以教女之道，犹甚于男，而正内之仪，宜先乎外也。以铜为鉴，可正衣冠；以古为师，可端模范；能师古人，又何患德之不修，而家之不正哉！

【后德篇】

　　凤仪龙马，圣帝之祥；麟趾关雎，后妃之德。是故帝喾三妃，生稷契唐尧之圣。文王百子，绍姜任太姒之徽。汭汭二女，绍际唐虞之盛。涂莘双后，肇开夏商之祥。宣王晚朝，姜后有待罪之谏。楚昭宴驾，越姬践心许之言。明和嗣汉，史称马邓之贤。高文兴唐，内有窦孙之助。暨夫宋室之宣仁，可谓女中之尧舜。乌林尽节于世宗，弘吉加恩于宋后，高帝创洪基于草莽，实藉孝慈。文皇肃内治于宫闱，爰资仁孝。稽古兴王之君，必有贤明之后，不亦信哉。

【母仪篇】

父天母地，天施地生。骨气像父，性气像母。上古贤明之女有娠，胎教之方必慎。故母仪先于父训，慈教严于义方。是以孟母买肉以明信，陶母封鲊以教廉。和熊知苦，柳氏以兴。画荻为书，欧阳以显。子发为将，自奉厚而卒下薄，母拒户而责其无恩。王孙从君，主失亡而已独归，母倚闾而言其不义。不疑尹京，宽刑活众，贤哉慈母之仁。田稷为相，反金待罪，卓矣孀亲之训。景让失士心，母挞之而部下安。延年多杀戮，母恶之而终不免。柴继母舍己子而代前儿，程禄妻甘己罪而免孤女。程母之教，恕于仆妾，而严于诸子。尹母之训，乐于菽水，而忘于禄养。是皆秉坤仪之淑训者，母德之徽音者也。

【孝行篇】

男女虽异，劬劳则均。子媳虽殊，孝敬则一。夫孝者，百行之源，而犹为女德之首也。是故杨香搤虎，知有父而不知有身。缇萦赎亲，则生男而不如生女。张妇蒙冤，三年不雨。姜妻至孝，双鲤涌泉。唐氏乳姑，而毓山南之贵胤。庐世冒刃，而全垂白之孀慈。刘氏啮姑之蛆，刺臂斩指，和血以丸药。闻氏舐姑之目，断发矢志，负土以成坟。陈氏方于归，而夫卒于戍，力养其姑五十年。张氏当雷击，而恐惊其姑，更延厥寿三十载。赵氏手戮雠于都亭以报父，娟女躬操于晋水以活亲。曹娥抱父尸于盱江，木兰代父征于绝塞。张女割肝，以苏祖母之命。陈氏断首，两全夫父之生。是皆感天地，动神明，著孝烈于一时，播芳名于千载者也，可不勉欤！

【贞烈篇】

忠臣不事两国，烈女不更二夫。故一与之醮，终身不移。男可重婚，女无再适。是故艰难苦节谓之贞，慷慨捐生谓之烈。令女截耳劓鼻以持身，凝妻牵臂劈掌以明志。共姜髧髦之诗，之死靡他。史氏刺面之文，中心不改。皇甫夫人，直斥逆臣，膏斧钺不绝口。窦家二女，不从乱贼，投危崖而愤不顾身。董氏封发以待夫归，二十年不施膏沐。妙慧题诗以明己节，三千里复见生逢。桓夫人义不同庖，而吟匪石之诗。平夫兵闾巷，而却阃阎之犯。夫之不幸，妾之不幸，宋女以言哀。使君有妇，罗敷有夫，赵王之章止。梁节妇之却魏王，断鼻存孤。余郑氏之责唐帅，严词保节。代夫人深怨其弟，千秋表磨笄之山。杞良妻远访其夫，万里哭筑城之骨。唐贵梅自缢于树以全贞，不彰其姑之恶。潘妙圆从夫于火以殉节，而活其舅之生。谭贞妇庙中流血，雨渍犹存。王烈女崖上题诗，石刊尚在。崔氏甘乱箭以全节，刘氏代鼎烹而活夫。是皆贞心贯乎日月，烈志塞乎两仪，正气凛于丈夫，节操播乎青史者也，可不勉欤！

【忠义篇】

君亲虽曰不同，忠孝本无二致。古云："率土莫非王臣"，岂谓闺中遂无忠义。咏小戎之驷，勉良人以君国同雠。伐汝坟之枚，慰君子以父母孔迩。美范滂之母，千秋尚有同心。封卞壶之坟，九泉犹有喜色。江油降魏，妻不与夫同生。盖国沦戎，妇耻其夫不死。陵母对使而伏剑，经母含笑以同刑。池州被围，赵昂发节义成双。金川失守，黄侍中妻女同尽。朱夫人守襄阳而筑城，以却秦寇。梁夫人登金山而击鼓，以破金兵。虞夫人勉子孙力勤王事，谢夫人甘俘虏以救民生。齐桓尸虫出户，晏娥踰垣以殉君。宇文白刃犯宫，贵儿捐生以骂贼，鲁义保以子代先公之子，魏节乳以身蔽幼主之身。孙姬，婢也，匍伏湖滨，以保忠臣血胤。毛惜，妓也，身甘刀斧，耻为叛帅讴歌。刘母非不爱子，知军令之不可干。章母非不保家，愿阖城之俱获免。是皆女烈之铮铮，坤维之表表。其忠肝义胆，足以风百世，而振纲常者也。

【慈爱篇】

任恤睦姻，根于孝友；慈惠和让，本于宽仁。是故，螽斯缉羽，颂太姒之仁，银鹿绕床，纪恭穆之德。士安好学，成于叔母之慈，伯道无儿，终获子绥之报。义姑弃子留侄，而却齐兵，览妻与姒均役，以感朱母。赵姬不以公女之贵，而废嫡庶之仪，卫宗不以君母之尊，而失夫人之礼。庄姜戴妫，淑惠见于国风，京陵东海，雍睦著乎世范。是皆秉仁慈之懿，敦博爱之风，和气萃于家庭，德教化于邦国者也，不亦可法欤！

【秉礼篇】

德貌言工，妇之四行；礼义廉耻，国之四维。人而无礼，胡不遄死，言礼之不可失也。是故，文伯之母，不踰门而见康子；齐华夫人，不易驷而从孝公。孟子欲出妻，母责以非礼；申人欲娶妇，女耻其无仪。顷公吊杞梁之妻，必造庐以成礼；溧女哀子骨之馁，宁投溪而灭踪。羊子怀金，妻挈讥其不义；齐人乞墦，妾妇泣其无良。宋伯姬，保傅不具不下堂，宁焚烈焰；楚贞姜，符节不来不应召，甘没狂澜。是皆动必合义，居必中度，勉夫子以匡其失，守己身以善其道，秉礼而行，至死不变者，洵可法矣！

【智慧篇】

治安大道，固在丈夫，有智妇人，胜于男子。远大之谋，预思而可料，仓卒之变，泛应而不穷，求之闺闱之中，是亦笄帼之杰。是故，齐姜醉晋文而命驾，卒成霸业；有缗娠少康而出窦，遂致中兴。颜女识圣人之后必显，喻父择婿而祷尼丘；陈母知先世之德甚微，令子因人以取侯爵。剪发留宾，知吾儿之志大；隔屏窥客，识子友之不凡。杨敞妻促夫出而定策，以立一代之君；周顗母因客至而当庖，能具百人之食。晏御扬扬，妻耻之而令夫致贵；宁歌浩浩，姬识之而喻相尊贤。徒读父书，如赵括之不可将；独闻妾怆，识文伯之不好贤。樊女笑楚相之蔽贤，终举贤而安万乘；漂母哀王孙而进食，后封王以报千金。乐羊子能听妻谏以成名，宁宸濠不用妇言而亡国。陶答子妻，畏夫之富盛而避祸，乃保幼以养姑；周才美妇，惧翁之横肆而辞荣，独全身以免子。漆室处女，不绩其麻而忧鲁国；巴家寡妇，捐己产而保乡民。此皆女子嘉猷，妇人之明识，诚可谓知人免难，保家国而助夫子者欤。

【勤俭篇】

勤者女之职，俭者富之基。勤而不俭，枉劳其身；俭而不勤，甘受其苦。俭以益勤之有余，勤以补俭之不足。若夫贵而能勤，则身劳而教以成；富而能俭，则守约而家日兴。是以明德以太后之尊，犹披白练；穆姜上卿之母，尚事纴麻。葛覃卷耳，咏后妃之贤劳；采蘩采苹，述夫人之恭俭。七月之章，半言女职；五噫之咏，实赖妻贤。仲子辞三公之贵，已织屦而妻辟纑；少君却万贯之妆，共挽车而自出汲。是皆身执勤劳，躬行节俭，扬芳誉于诗书，播令名于史册者也，女其勖诸。

【才德篇】

男子有德便是才，斯言犹可；女子无才便是德，此语殊非。盖不知才德之经，与邪正之辩也。夫德以达才，才以成德。故女子之有德者，固不必有才。而有才者，必贵乎有德。德本而才末，固理之宜然，若夫为不善，非才之罪也。故经济之才，妇言犹可用，而邪僻之艺，男子亦非宜。《礼》曰："奸声乱色，不留聪明；淫乐慝礼，不役心志。"君子之教子也，独不可以训女乎？古者后妃夫人，以逮庶妾匹妇，莫不知诗，岂皆无德者欤？末世妒妇淫女，及乎悍妇泼媪，大悖于礼，岂尽有才者耶？曷观齐妃有鸡鸣之诗，郑女有雁弋之警。缇萦上章以救父，肉刑用除；徐惠谏疏以匡君，穷兵遂止。宣文之授周礼，六官之钜典以明；大家之《续汉书》，一代之鸿章也备。《孝经》著于陈妻，《论语》成于宋氏。《女诫》作于曹昭，《内训》出于仁孝。敬姜纺绩而教子，言标左氏之章；苏蕙织字以致夫，诗制回文之锦。柳下惠之妻，能谥其夫；汉伏氏之女，传经于帝。信宫闱之懿范，诚女学之芳规也。由是观之，则女子之知书识字，达理通经，名誉著乎当时，才美扬乎后世，亶其然哉。若夫淫佚之书，不入于门；邪僻之言，能闻于耳。在父兄者，能思患而预防之，则养正以毓其才，师古以成其德，始为尽善而兼美矣。

传承国学经典文化
重塑现代女性形象
修身心　养贤德
正家风　和天下